牛津非常短講 014

入侵物種
Invasive Species   A Very Short Introduction

茱莉·洛克伍德、達斯汀·維爾伯恩——著
Julie L. Lockwood & Dustin J. Welbourne
鄧子衿——譯　顏聖紘——審定、引言　洪廣冀——系列總引言

目　次

系列總引言　來吧，來認識「周遭」：二十一世紀的環境課
　　　　　　◎洪廣冀………… 5
　　引言　為什麼討論「入侵物種」對台灣很重要？
　　　　　　◎顏聖紘………… 17
　　前言………… 25

第一章　全球性挑戰………… 29

第二章　大自然厭惡定義………… 35
　　　　生物族群是什麼？
　　　　非原生種是什麼？
　　　　不良影響是什麼？
　　　　為何「擴散」就足以定義入侵種？

第三章　引入的途徑………… 45
　　　　有廊道的地方就有通路
　　　　搭便車入侵
　　　　把最好的物種放在最好的地區

第四章 建立族群 ………… 63
　　N維超空間
　　生物抗性
　　存活到建立族群的性狀
　　繁殖體壓力

第五章 族群散播的方式 ………… 75
　　持續增長的族群
　　族群播遷
　　擴張、穩定、收縮

第六章 生態系中的交互關係 ………… 89
　　吃掉原生種
　　與本土種競爭
　　感染原生種
　　物理性交互關係

第七章 生態系的各種狀態 ………… 107
　　生態系狀態
　　雙穩態

第八章 不良影響 ············ 119
　　經濟影響
　　人類健康和福祉
　　環境影響

第九章 一分預防勝於十分治療 ············ 139
　　生物安全
　　早期發現和快速反應
　　抑制入侵種擴散
　　資產保護

第十章 防治入侵大不易 ············ 157
　　比較造成不良影響的程度
　　入侵種與瀕危種
　　氣候變遷的影響

第十一章 深思熟慮的未來 ············ 169
　　自然界中還會有「自然」的存在嗎？
　　新的影響還是更多相同的影響？
　　好的一面
　　歡迎來到人類世

　　名詞對照表 ············ 185
　　參考資料 ············ 191
　　延伸閱讀 ············ 197

系列總引言
來吧，來認識「周遭」：
二十一世紀的環境課

洪廣冀｜臺灣大學地理環境資源學系副教授

　　《二十一世紀的環境課》包含六個主題，同時也是六本小書，分別是《生物地理學》、《入侵物種》、《火》、《都市計劃》、《人口學》與《冷戰》。這是左岸文化編輯室為台灣讀者精心構思的課程，也是繼《二十世紀的主義們》、《二十一世紀的人生難題》後的第三門課。

　　《二十一世紀的環境課》的六本指定閱讀均出自牛津大學出版社的 Very Short Introduction 書系。如書系名所示，這些書都非常短，文字洗鍊，由各領域的中堅學者撰寫，如同進入各領域的敲門磚或拱心石（keystone）。

在規劃《二十一世紀的環境課》時，編輯室聘請優秀譯者翻譯，同時也為每本書找了專業審定者，並請他們撰寫導讀。審定者與導讀者都是一時之選；如《生物地理學》是由《通往世界的植物》、《橫斷臺灣》的作者游旨价翻譯與導讀，《入侵物種》則是中山大學的生物學者顏聖紘、《人口學》是政治大學社會學者鄭力軒、《火》為生物多樣性研究所的生物學家林大利、《都市計劃》為成功大學都市計劃學系的黃偉茹、《冷戰》為中研院近史所的陳冠任。在閱讀《二十一世紀的環境課》六本小書時，搭配這些由名家撰寫的導讀，讀者不僅可以很快進入各書主題，更可藉此思考這些主題與台灣的關係。

　　我是個環境史研究者，一直在臺灣大學地理環境資源學系開設環境史及科技與社會等相關課程。跟編輯幾次交流，並詳讀她規劃的六本指定閱讀後，我深受啟發，也想把這堂課推薦給各位。

什麼是「環境」？

既然這門課叫做「二十一世紀的環境課」，我想我就從「環境」（environment）這個關鍵字開始。

艾蒂安・本森（Etienne S. Benson）是一位環境史家，目前擔任德國馬克斯普朗克科學史研究所的所長。二〇二〇年，他出版《周遭：環境與環境主義的一段歷史》（*Surroundings: A History of Environments and Environmentalisms*）。當中，他拋出一個很有意思的問題：到底什麼是環境（environment）？為什麼人們不乾脆用「自然」（nature）就好？環境，顧名思義，就是周遭（surroundings）的意思；若是如此，人們是在什麼時候意識到的此「周遭」的重要性？環境是透過什麼樣的科學實作（如觀察、測量、監測）而成為一個人們可以與之互動的「東西」？

本森表示，環境史研究者花了很多時間探討環境主義的起源、自然的含義、不同政治與社會制度對於環境的影響，但他們彷彿把「環境」當成不證自明的「背景」。本森認為，在英文的科學文獻中，環境一詞在十九世紀下半葉大量出現；用來指涉生物（organism）得面

對與適應的外在限制。以社會達爾文主義（social Darwinism）聞名的社會理論家赫伯特・史賓賽（Hebert Spencer）便是這樣看待環境。本森認為，這是個值得注意的現象。在史賓賽及其同代人之前，人們會使用「環境」這個字，但少有自然哲學家（natural philosophers，類似今日的科學家）會把這個詞當成一回事。對他們而言，環境就是某種可有可無、邊邊角角的存在。

　　本森認為，即便環境在十九世紀下半葉大量出現在英文科學文獻中，但此現象仍有其「前史」。他指出，關鍵在於十八世紀末至十九世紀初博物學（natural history）的急遽發展，特別是以巴黎自然史博物館為中心的「功能式」（functional）博物學。此博物學的奠基者為居維葉（Georges Cuvier，1769-1832）。拜拿破崙之賜，當時的法國是個不折不扣的帝國，而巴黎自然史博物館是個為帝國服務、清點帝國究竟掌握多少資源的計算中心。居維葉發展出一種新穎的分類法，即從器官（organ）的型態與彼此的關係出發，探討其功能，說明由器官構成的生物（organism）如何地適應環境。本森指出，即是在此氛圍下，環境再也不被視為背景或脈絡，反倒是生物

得去試著適應的對象,且此適應也會表現在器官的型態與器官間的關係上。

事實上,本森指出,英文的環境,即environment,本來就是法文。即便當時的法國人傾向使用milieu一詞,但environment一詞就此傳播開來。他也認為,環境一詞歷經熱帶醫學、生態學、生物圈、系統科學等學科的洗禮與洗練,經歷百餘年的演化後,於一九七〇年代被卡森(Rachel Carson,1907-1964)等生態學者援用,於《寂靜的春天》(Silent Spring, 1962)等暢銷書中賦予更深遠的意義。時至今日,當我們提到環境時,我們不會認為這只是個背景或脈絡,反倒是與生命緊密相連、息息相關的「周遭」。此「周遭」包覆著人與其他的生命;有了此「周遭」的存在,人與其他的生命也彼此相連,形成環環相扣的整體。

六個子題

《二十一世紀的環境課》共有六堂課,每堂課都有一本指定閱讀。透過這六本書,我們可以掌握環境一詞

的歷史演變:在面對當代環境議題時,我們也需要具備的概念與實作技巧。

第一門課是《生物地理學》。生物地理學是一門探討生物之空間分布的學問,為理解演化生物學與生態學的鑰匙。人們一度相信,物種之分布呈現造物者的「計畫」;在此視野下,物種與環境如同造物者的棋子與棋盤。生物地理學的興起挑戰這樣的見解。當造物者逐漸隱身的時候,就是環境與物種的「能動性」浮現於歷史舞臺之時。我們將探討當代生物地理學主要取向與研究方法,也會了解當代生態保育的核心概念與手段。

第二門課是《入侵物種》。為何某些物種會被視為「入侵」?在本堂課中,各位將學到,「入侵物種」不是個不證自明的類別,既牽涉到人類之於特定生態系的破壞、眾多政策的非預期後果、商業與貿易網絡的擴張等。要了解什麼是入侵物種,並進而防治它,減低對特定生態系的危害,我們得同時採用生態系經營的視野,輔以人文社會科學的分析與政策工具。「入侵物種」同時也帶出當代環境倫理的思考。到底哪些物種算是「原生」,哪些又是入侵?若遷徙與越界本來就是生命的常

態,我們該如何劃下那條分開原生與入侵種的界線?到頭來,這些議題都牽涉到,同樣為生物體的人們,究竟活在什麼樣的環境中,且如何照料與我們同處在同一個環境中的非人物種,反思我們與這些非人的關係。

　　第三門課為《火》。火是一種能量的形式,是人類得以打造文明的開端,同時也是對人類文明的莫大威脅。火本身乃至於火營造的環境,同時也是眾多生靈得以落地生根的關鍵因素。人乃至於其他生物與火的關係為何?火之於特定生態系的作用為何?人該如何駕馭火,該駕馭到什麼程度?太陽是團火,生命其實也如同火;因人類活動而誘發的氣候變遷,也開始讓地球如同著火般地燥熱。環繞在火而展開的「火成生態學」、「火成多樣性」與氣候變遷生態學,是當代環境管理的新視野。這門課將帶領各位一窺這些新興領域的堂奧。

　　第四門課為《人口學》。論及環境思潮的發展,十九世紀中葉的「達爾文革命」是個重要的分水嶺。然而,少為人知的是,在提出演化論時,達爾文重要的靈感來源為英國政治經濟學者馬爾薩斯的人口學。馬爾薩斯的見解很簡單:人口是以等比級數增長,糧食則為等差級

11

數，即糧食的稀缺是必然的，人口也必然面臨貧窮與饑荒等危機。二戰後，當環境學者在思考該如何保護環境時，「人口炸彈」同樣為重要的參考對象。換言之，人口學與環境科學可說是一枚銅板的兩面。

這是為什麼我們得多了解一些人口學的核心概念與研究方法。在本堂課中，我們會學到人口轉型理論的梗概、高齡化社會的挑戰、移民、世代公平等議題。人口結構涉及面向之廣，從社會、文化、經濟、科技至氣候變遷，都與人口學息息相關。我們也將學到，人口學處理的不是只有數據，得出的結果也不是只有繪製人口金字塔；如《人口學》一書的結論所示：唯有正視人口結構與地球資源的限度，我們才能規劃與期待更為公義與永續的未來。

第五門課為《都市計劃》。隨著人口增加與工業發展，都市成為人類生活的主要環境。與之同時，都市生態學者也告訴我們，都市也成為眾多野生動物的棲地。在二十一世紀的今日，郊狼不只出沒於沙漠與山區，更活躍於中央公園、芝加哥與洛杉磯等大都市。當代的都市計劃已不能只針對人，還有各式各樣的非人物種。但

要如何著手?若都市並非全然「不自然」,反倒是人為與自然交會的複合場域,我們要如何重新思考都市、都市的生活韌性與空間正義等議題?《都市計劃》帶領讀者回溯這個學科的起源與發展,同時也為如此介於自然與人為、集結人與非人的新都市,提供了可能的規劃視野。

第六門課為《冷戰》。我們迎來《二十一世紀的環境課》的最後一課。狹義地說,冷戰係指一九四五年二戰結束後,美國與蘇聯在政治體制、經濟模式、價值觀與意識形態上的深層對抗,這場衝突雖然未全面爆發為熱戰,卻長達近半世紀,深刻地形塑了全球局勢的樣貌與分布。藉由閱讀《冷戰》,我們將學到,冷戰不只是兩大陣營之間的軍事與外交對峙,更是一場全面滲透政治、經濟、文化與科學領域的「地球尺度」之戰。透過氣象衛星、全球監測網絡、糧食技術、人口政策等手段,美國與蘇聯試圖在各地建立其秩序與影響力。環境治理、資源開發、甚至公共衛生與教育制度都成為意識形態較勁的延伸場域。

事實上,正是在冷戰的氛圍中,「環境」一詞被賦

予了今日我們熟悉的意義。若沒有冷戰誘發的軍事與太空競賽，我們難以從太空中望著地球，在感嘆這顆藍色星球是多美的同時，焦慮著這個乘客數量急速爆炸的太空船，是如此的岌岌可危。環境研究者也不會有諸如同位素、地理定位系統（geographical positioning system, GPS）等工具，以超越人類感官的精細度，探索超越人類可以理解的龐大環境，並建構當中的運作機制。當代對環境的認識可說是某種「冷戰遺產」；雖說冷戰已經遠颺，但各式各樣新型態的戰爭（如資訊戰）卻彷彿成為人們的新日常。我們需要新的環境見解；回望冷戰與冷戰帶動的社會、經濟、文化與生態變遷，是二十一世紀環境課的結束，同時也是我們掌握下一個世紀的起點。

認識周遭

從《生物地理學》至《冷戰》，《二十一世紀的環境課》的六門課程環環相扣，直指環境是什麼，如何從原本的「背景」、「脈絡」與「周遭」演化為我們現在理解的環境。你或許會說，我本身是學人文社會或自然科學

的,到底為什麼需要修這堂「環境課」?對此,容我回到環境這個詞的原意:周遭與包圍。

為什麼我們需要關注環境,環境一詞又如何脫穎而出,成為當代世界的關鍵詞?關鍵或許在於人想要了解自己的渴望。當我們了解周遭的山岳、河川、空氣、森林、動物與植物等,不再是位於某處等著我們去「發現」或「征服」的「自然」,反倒是一床輕薄的棉被,包裹著我們,我們自然而然地想要珍惜它,回味它為身體帶來的觸感,乃至於那種被抱著的親密感。我們也會想問,這個被環境包裹著的你我,究竟是什麼樣的存在。我想起了地理學者喜歡講的一則希臘神話。Chthonia是大地女神,嫁給了宙斯。在迎娶Chthonia時,宙斯將一塊他親自織成的布(pharos)披在她身上。這塊布上繪有陸地與海洋的圖像,而Chthonia也在這過程中逐漸成形,成為孕育陸地與海洋萬物的身體。她從原初的未定形狀,化為大地與生命的來源,最終轉化為蓋婭(Gaia),也就是萬物之母。

地理學者愛這個故事,因為這塊pharos後來有個正式名稱:mappa mundi,即世界地圖。

根本上,這是個發現土地、認識土地的故事,而這個過程需要地圖,同時也產製了更多地圖。期待《二十一世紀的環境課》可以是這樣的地圖。你不是按圖索驥地去發現環境,因為環境就不是躺在某處、等著你去發現的「物」。如同宙斯的pharos,這六冊書讓你想認識的環境有了更清楚的形體,讓你得以在當中徜徉與探索。當你歸來時,你將感到環境離你更近了一些,成為了你的「周遭」。你雀躍著,你想念著一趟趟旅程為你帶來的啟發,開始規劃下一趟旅程。

引言
為什麼討論「入侵物種」對台灣很重要？

顏聖紘｜中山大學生物科學系副教授

　　外來入侵種議題在台灣媒體上受到關注大致始於九〇年代環境運動興起，相關的法令也漸漸成形的時代。

　　在那個年代，大眾聽說過的，媒體偶爾會關注的外來入侵種，以布袋蓮、福壽螺、藿香薊、還有馬纓丹為主。後來小花蔓澤蘭、入侵紅火蟻、梨木蝨、荔桐釉小蜂開始取代上述物種成為媒體新聞主角。

　　到了近幾年，主角換成了綠鬣蜥、秋行軍蟲、刺軸含羞木，也有越來越多的公眾會在社群媒體上緊盯各種可能造就外來生物入侵的行為與政策，例如不當的宗教放生、外來活體動物走私、以保育為名的錯誤生物釋放、或是放任入侵動物的流竄。

入侵物種

整體來說，台灣人民與媒體對外來物種入侵議題的關切已有大幅提升，然而有關外來入侵種的中文科普書籍相當稀少。如果我們盤點包含政府出版品在內的中文書籍將會發現，大多數的書籍著重於物種的簡易鑑識圖冊、特定物種的防治作業、以及針對一般普羅大眾的宣導教育。然而有關這個議題的科學背景，政策依據，以及管理實務的難題，卻甚少有中文書籍能提供淺顯易懂與結構清晰的資訊。洛克伍德與維爾伯恩所合著的《入侵物種》則正好填補了這個需求。

此書分為十一章，章節的安排順序依序是現象、問題、理論、實務與願景。第一章是全球性的挑戰，揭示了外來入侵物種問題為何是一個全球化帶來的問題，又如何對全球造成了各種問題。第二章則聚焦在基礎定義。經常有人爭執「何謂外來種」？「何謂入侵種」？「人類是不是外來種」？「如何判斷原生種與外來種」？「入侵種究竟會造成什麼衝擊」？這個章節提供了易懂精準的解釋。一個物種之所以從原生地入侵到另一個地區，必然是因為有人為製造的途徑與管道。第三章便解釋了各種可能造就入侵的管道。然而一個物種光是被人類從甲

地傳送到乙地並不足以造就其入侵性（invasiveness），它還要能建立族群站穩腳步，並形成地盤。

到了第四章，作者便開始說明一個物種在某地區能建立族群的科學預測與解釋。首先是引介「生態棲位」（niche）的概念。Niche這個字在經濟學上會被翻譯為「利基」，白話說來就是一個物種在某個生態系統中的角色。一個入侵種之所以能夠入侵一個區域，就必然是因為某些棲位是空著，或是因為原生種消失而被騰出來，所以這是一個非常重要的概念。接著提到抗性。這邊所說的抗性並不是什麼免疫力，而是因為生物與生物之間的交互關係，尤其是競爭與捕食所塑造的抗性。原生物種的抗性越好，就越能阻止入侵種進入。但若是外來物種的抗性越好，就有可能突破原生物種的防線而攻城掠地。一個外來物種從進入一個全新的環境到建立族群之間是有可能呈現性狀的變化，這是因為當族群規模變大，並開始適應新環境以後，其性狀有可能變得更多元，這也就是為何有時監測外來物種的適存度是相當困難的。

第五章開始談基礎的族群生態學理論。每一個物種都會在環境穩定的時候出現族群規模增長的現象，但是

族群規模的增長會受到各種生物與非生物因子的調節與制約，所以當族群規模龐大，又沒有外在因子限制空間利用的時候，生物的個體就會出現擴張與播遷，無論是自己進行或是受到人為的促進。然而每一個物種的族群規模與環境中的生物與非生物因子都會形成複雜的交互關係，所以一種生物的族群規模有可能呈現擴張、穩定或收縮三種樣態。外來入侵物種的形成就經常伴隨著其在非原生地的族群擴張，以及被入侵地原生物種的族群收縮。這個章節比較理論性，但是對於理解入侵種立足的原因有著很大的幫助。

第六章則側重物種之間的交互關係。這本書挑出捕食原生種、排擠原生種、感染原生種，以及與原生物種產生複雜關係四個面向進行討論。捕食原生種是大家比較能理解的危害形式，例如在日月潭肆虐的魚虎（*Channa micropeltes*）就是一個典型的外來入侵種捕食原生物種影響水域生態的案例。排擠原生種則是一種相當無聲無息的入侵，你甚至還不知道發生了什麼事，原生種就漸漸消失了。好比說入侵台灣的散紋盛蛺蝶（*Symbrenthia lilaea*）不知道何時開始漸漸取代了台灣原生的台灣盛蛺

蝶（*Symbrenthia formosanus*）。感染原生種則經常出現在寄生蟲、以及農業害蟲的案例。例如觀賞魚貿易就經常造就一些淡水魚寄生蟲的跨國傳染，而且難以防治。有關複雜的物種關係，在此書中舉了外來植物對本土植物造成化學相剋作用的案例是非常經典的，因為台灣環境中有大量的外來入侵植物都是靠著化學相剋作用抑制其他植物生存，進而造就自己的帝國。

第七章的難度更加提高，讀者可能必須把高中選修生物和大學一年級的普通生物學拿出來複習一下。所謂的「生態系中的各種狀態」所指的就是「動態」。我們常常在媒體上看到「生態平衡」這樣的用語，但其實生態系統一直都是處於動態，而不是所謂一成不變的「穩定」。但是動態之所以能夠被維繫，仰賴的就是生態系統與各種參與生物關係的複雜性，越複雜的，物種多樣性越高的生態系統，其韌性會越好。但是當外來入侵種改變了這樣的動態關係，就有可能降低整個生態系統的韌性，然後提高某些物種絕滅的風險，或是物種之間關係的瓦解。

第八章來到了外來入侵種議題的一個重點，也就是

外來入侵種究竟會造成什麼樣的危害？這邊提到了經濟影響、人類健康與福祉，以及對環境的影響。大家可能覺得這是非常顯而易見而且容易被量化，事實上很多入侵種之所以難以被處理，就是因為其影響難以被金錢衡量。當入侵種造成健康議題，在醫療發達的社會，通常會優先選擇處理如何治療疾病，而不是移除入侵種。至於許多社會都把「環境」放在治理目標的末尾，更何況很多無聲的入侵被默默視為日常，甚至正常以後，原本的重大危害就會被抹去，甚而被美化為「增加生物多樣性」。因此各位必須注意，第八章所提到的是超過許多人容忍度的案例，但是有更多入侵物種所造成的嚴重問題通常可以被容忍，那是因為災禍還未上身，或是整個社會無力處理而決定放棄處理。

接下來進入第九與第十章，也就是防治與管理入侵物種的實務。第九章提到生物安全、早期發現與快速反應、抑制入侵種擴散，以及資產保護這四個議題。生物安全（biosecurity）這個術語經常被窄化成為管制生物醫學實驗防治細菌或病毒外洩的舉措，然而生物安全議題本身就應該包含外來入侵物種的防控。這本書論述

生物安全的時候採用一個寬廣的定義，我認為是可以協助大眾充分了解外來入侵種管控的確就是生物安全的一環。這個章節最重要的一個說明則是介紹了「入侵種管理曲線」(invasion curve)。這個理論模型其實是所有外來入侵種政策管理的重要基石。了解了這個模型的含意，讀者就能理解為何早期發現與快速反應的防控成本最低，然後抑制入侵種的擴散是如此困難且成本高昂。

第十章深入探討防治外來入侵種的複雜性與困難，以台灣的案例來說，吳郭魚是一個無所不在的嚴重入侵種，但有些學者卻認為吳郭魚提供了沿海鳥類與水獺重要的食物來源，所以這樣的相對「益處」再加上吳郭魚的數量實在太多，它就不會成為外來入侵物種移除計畫的目標。但如果這樣的想法被移植到浪犬與浪貓上，也就是替某些嚴重危害生態系統的外來種「找理由」，那就有可能造成政策的矛盾與有限資源的錯置，更可能造成社會的紛爭。這章也提到了氣候變遷的影響，因為氣候變遷會影響物種分布與適存的範圍，也會影響科學研究與政策如何因應氣候變遷進行預測與調適相關作為。

最後一章，深思熟慮的未來想告訴大家的是當外來

入侵物種無所不在，外來入侵種造成的問題難以根除的時候，我們所面對的自然環境便再也不自然。如果入侵種問題無法根除，對我們人類與環境的短期與長期影響又會是什麼？人類在防治外來入侵物種的戰役中究竟有沒有任何好的發展？還是只能放任情勢惡化呢？最後作者提醒，我們已經進入了「人類世」，人類對地球環境的影響已經大到足以成為一個獨立的地質年代。如果情勢已經如此嚴峻，我們究竟應該放任？與之共存？還是持續努力防止情況惡化呢？

這是一本字數不多，但是結構相當完整的一本科普書，我期望這本書的內容可以讓中文世界的讀者對外來入侵物種的議題有更完整的理解，進而有能力評論、支持與看待相關的政策與教育方向。

前言

　　如果地球上的人類突然消失，未來數千年甚至百萬年之後外星人來到地球，他們應該會知道人類曾經存在。有幾個跡象或許洩漏了人類的存在，其中最容易注意到的可能是植物和動物在地球上分布的狀況。把自己帶入外星人的眼光（且不論他們有幾個眼睛），在記錄了生態系中植物、動物、真菌等各種生物的分布狀況後，他們很自然的會問下面這個問題：為何這裡有這種生物，那邊沒有呢？他們可能馬上就遇上了令人困惑的難題。

　　我們把時間稍微往前推，就說是公元一五○○年好了。在此之前，地球上生物的分布，主要可以由演化、板塊運動，以及生物持續的散播來解釋。但是在這個時間點之後，以上種種解釋就站不住腳了。有些生物應該

只在地球上的某個地區，例如亞洲東南部或是歐洲，但是突然出現於其他大陸，遠離演化出來的區域數千公里遠。像是澳洲與紐西蘭這樣數百萬年來都與外界隔離的地區，是許多他處所無的獨特生物棲息區域，但是突然之間就有了貓和鼠。

為了要解釋這個地球史上的重大變化，外星人可能會想說，有一個分布於全球的物種，為了某些理由，把不少物種從某個地區搬遷到另一個地區。事實上，這些外星人可能會發現在未來的生態系中，居於主宰地位的物種，是人類所搬遷過去的。那些外星人會想知道我們為何這麼做的原因嗎？為何一個分布全星球的物種要刻意要讓整個生物圈以這種方式重新洗牌呢？

現在這個外星人的思想實驗可能就有點細瑣了，但是重點需要認真對待：「入侵種」已經永遠且確實的改變了地球之後的演化。除此之外，這個思想實驗也讓我們去想：那些外星人是否能和我們一樣區分出入侵種？入侵種是普遍的嗎？或是用另一個方式問這個問題：在發展文明時，入侵種的出現是不可避免的嗎？這是個重要的問題，因為雖然可能提不出答案，但是會讓人接受

前言

我們祖先的作為，不論如何，至少在某些狀況下並不是出於惡意，而是為自己的利益，並且是根據當時的資料和價值觀做出來的行動：人類為了貿易而搬運植物和動物，也同時因為貿易和旅遊順便搬運了植物和動物。

了解到這一點之後，就有了明顯的答案：我們不能躲在這種藉口之後繼續行事。我們對於入侵種的了解雖然不算完整，但也相當豐富，但是我們現在依然持續讓新的物種入侵事件發生，而不是自己解決這個問題，代表了我們會把這項負擔加諸在未來的人類身上。

我們寫這本書是希望讓這些問題能夠浮出水面。我們的主要目標是回答為何生物入侵會發生，這本書前三分之二的篇幅會描述一個物種變成入侵種的過程。其中的細節應該能讓讀者了解到生物入侵的專業知識層面，以及會發生的社會因素。我們是為了表明價值（也就是人類與非人類世界的關係），以及說明入侵種這個現象出現的生態學。

所有的書在寫作時，都不可以忘記讀者以及寫書的目的。我們認為自己有好好維持平衡，既能夠深入描述了解入侵種時的相關主題，又沒有陷入眾多漫蕪的細

27

節而錯失了重點。除此之外，我們想要留下足夠的不確定性，好讓讀者打從心底知道入侵種的故事並不只如此而已，而書中的內容也不是結論，我們還有很多事情要做，才能面對這項全球性挑戰，這是我們自己所造成的挑戰。

第一章

全球性挑戰

「你有攜帶水果或蔬菜嗎？」到其他國家通關時會聽到這個熟悉的問題，但你開車進入澳洲內陸地區時可能不會聽到這句話。然而，所有經由高速公路進入南澳州這個中南部大州時，都會被問到這個問題。這些路邊檢查站關注農產品，與水果本身沒有什麼相關，而是可能從水果中長出來的東西。檢查站代表了南澳洲抵禦入侵種的第一道防線。

在南澳州的西部邊界，主要擔心的物種是地中海果實蠅（*Ceratitis capitata*）。這種短胖的小型果實蠅體長三到五毫米，大約只要三到四星期就能夠產下一代。雖然名字中有「地中海」，但是這種果蠅原生於非洲的熱帶地區。地中海果實蠅能夠忍耐的環境很廣，已經入侵了

許多地區,其中就包括了地中海周邊、亞洲、夏威夷、中美洲與南美洲,還有澳洲,特別是西澳州。有兩百五十多種植物是地中海果實蠅的宿主,其中許多是重要的經濟作物,包括了蘋果、橘子、葡萄、多種堅果,這些在南澳州全都有栽種。如果地中海果實蠅逃過檢查,就能輕易在南澳州棲息,並且蹂躪當地的農業。

對農作物的傷害始於果實蠅雌蟲,牠們有一根尖銳的產卵管,實際上就是從腹部長出來的針,能夠刺穿果皮並且在果皮下產卵。在綠色蘋果或是其他顏色淡的水果上,產卵通常會留下肉眼可見的棕色小點。在顏色比較深的水果上,這種痕跡不容易發現,要等到收穫的時候才會發現果實已經受損。

果實蠅每次會產下六到二十顆的卵(實際數量因果實蠅個體而有差異),在果實蠅雌蟲一生可以產下超過七百顆卵。

對於農作物的傷害,發生在卵產下後數天,這時卵孵化了,幼蟲開始吃果肉。不光是幼蟲會造成傷害,同時還有許多種細菌也會分解果肉。

由於幼蟲是在果皮之下吃果肉,因此就算感染嚴重

的果實,表面看起來也正常,但是如果用摸的,會發現果實如同海綿那樣鬆軟,打開來之後裡面會充滿小洞。幼蟲吃了果實約兩星期之後,會離開果實,掉入土壤,十天後成為成熟的果實蠅,重新展開這個過程。

如果是在自家花園種的水果,通常只要把受損的部位切除就好,剩下的部位還可以吃。但是對於果農而言,只要果實稍微受到果實蠅的侵害,就會造成巨大的損失。在西澳州果實蠅蟲害嚴重的年歲,果農會損失一半的收成,除了這項直接損失之外,還要付出相關的害蟲防治、收穫後果實處理,以及持續監控果實蠅以免成災的種種成本。即使農場沒有遭受果實蠅侵擾,所在地區如果有果實蠅,一樣會因為國內外買家減少購買量或根本不買而受損,因為買家要降低購買產品可能遭受果實蠅感染的風險。一般來說,害蟲和入侵果實蠅每年造成澳洲的水果損失約為兩億美元,相當於年產量的2-3%。南澳州的水果產業價值數十億美元,其中釀酒葡萄產量占澳洲的一半以上,到目前為止都沒有受到果實蠅的侵襲,因此這樣嚴格阻止其他州農產品進入的政策是有充分的理由。

地中海果實蠅只是入侵種的一個例子而已，而入侵種這類生物已經成為全球社會與環境的挑戰。全世界所有海洋與大陸（包括南極洲）都有入侵種，其中有人們熟悉的生物，像是植物、動物與真菌，也包含了細菌和原生動物等微生物。入侵種造成的影響很多，包括了經濟損失，生態學家克里斯多夫・迪亞涅（Christophe Diagne）和同事最近估計，在二〇一七年，入侵種造成的經濟損失為一千六百二十七億美元。除此之外，入侵種也會造成生物多樣性以及生態系服務的損失。光是入侵掠食動物就造成了全球58%的鳥類、哺乳動物和爬行動物的滅絕。單是綠花白千層（*Melaleuca quinquenervia*）這一個入侵種，就大幅改變美國佛羅里達州南部的水文和野火發生的範圍了。

有些人爭論說這些影響屬於自然的過程。自從有生命以來，生物體在全新的棲地立足生根，而其他物種滅絕的事情，就從來都沒有停止過。確實如此，但是對於入侵種的擔憂，並非只因為他們是新來的物種，而主要的問題出在散播的空間與規模。全球貿易網絡加上現代化的運輸方式，使得具備生物獨特性的地區，都和以往

隔絕的其他地區連接起來。今天在香港摘取、包裝和寄出的水果，可能在二十四小時後就出現在英國倫敦、美國紐約，或是澳洲雪梨。和這個農產品一起運輸的是任何在水果表面或是裡面的物種，像是果實蠅。以往每年只有〇·二個物種會進入島嶼中繁殖壯大，但是現在每年有二十個到三萬五千個物種。水生環境中新物種散播的速率也相近。面積比許多歐洲國家還要大的裏海，因為人類的活動，其中新的水生物種在二十世紀增加了一千八百倍。生態系就是無法那麼快適應有如此多快速移入的生物。

現今生物在各地快速立足的模式，對於人類生活以及有那些入侵物種建立族群的生態系，造成了真實而且重大的影響。可以毫不誇張的說，雖然入侵種因為能夠讓人更了解生態系而令人著迷，但卻是現代社會最大的挑戰和最大的失敗之一。為了因應這項挑戰，我們必須了解生物如何變得具有入侵性。要了解這點，第一步就是回答下面這個問題：什麼是入侵種？

第二章
大自然厭惡定義

　　大自然抗拒被塞到一個盒子中，而生物實體的定義往往附加了許多但書。舉例來說，至少有十幾個概念嘗試解釋物種是什麼，以及物種不是什麼，而決定生命的組成這件事情本身就導致那樣的分類變得毫無意義。雖然這些定義並沒有非常明確的為所有生物實體分類，但是確實發揮了作用，幫助科學研究、評估新發現，以及發展管理措施。同樣的狀況也適用於定義什麼是入侵種。對於絕大多數地區中絕大多數的生物，這套工具在絕大多數的狀況下都適用，但是總會有一些模稜兩可的案例能夠顛覆定義，引發科學家、政策制定者和有興趣的公眾之間的爭論。

　　在我們定義何謂入侵種之前，得要指出公眾、政

治家,甚至在學術論文中用來指稱「入侵種」的詞。外來種(alien species)、異地種(exotic species)、野化種(feral species),甚至雜草種(weedy species),都可能用來當作入侵種的同義詞。這些不同稱呼產生的原因之一是歷史因素,有些詞當年在不同的研究領域中使用,舉例來說,「雜草種」經常可以在植物學文獻中看到。另外像是「野化種」這個詞則特別指稱某一類「入侵種」。不論用哪個詞,你都會發現我們定義入侵種的方式,其實更關乎我們自己。人類與自然的互動方式,以及我們的價值觀,比那個稱之為「入侵」的生物本身還要重要。話雖如此,我們依然可以給出一個可以使用的定義:入侵種是一群非原生種,會帶來負面的影響,或是散播到原本引入區域之外。現在我們會簡明地解釋一些重要的術語,以消除歧義。

生物族群是什麼?

一個族群代表了棲息在同一個地理區域中,同一個物種的個體,可能是全部同種的個體,但通常不是。舉

例來說，在美國佛羅里達州南部的緬甸蟒（*Python bivittatus*）和位於亞洲東南部原棲息範圍中的緬甸蟒，顯然是相同的物種，但是屬於不同的族群，是入侵的族群。如果我們只提某個物種的族群，而沒有提那整個物種，那麼為何要稱之為入侵「種」？因為如果用「某個物種的入侵族群」實在太拗口，而且我們會用「入侵種」這個詞的時候，通常是在某個特定的狀況脈絡中，在這個例子中就是指「緬甸蟒是佛羅里達州南部的入侵種」。本書中我們提到入侵種時，要記得說的是某個族群，而不是說某個物種的所有個體。

非原生種是什麼？

所有的生物族群都可以大致上區分為原生族群和非原生族群。兩者的區別主要在於這個生物體散播時人類所扮演的角色。不論是有意或是無意，如果人類幫助了某一個物種跨越了生物地理的屏障抵達原來棲息範圍之外的地區，那麼在新的地區中，該物種就是非原生種。

「生物地理屏障」是指大自然中的地理或是生態特

徵，讓某個物種的個體往往無法跨越，因此限制了這個物種去利用所有可能適合的棲地。山脈、海洋、峽谷和其他地理特徵都是常見的例子。當然，什麼是「不可跨越」的屏障，會因物種的不同而有很大的差異。

由於生物地理屏障的出現與消失，在時間規模上是以數十年到數千年計，因此某個物種跨越這種屏障是相當罕見的事件，但是這種狀況也只維持到人類介入為止。許多現代的非原生物種能夠跨越屏障，是因為人類刻意或無意造成的，而有些物種能夠跨越屏障是因為人類改變了地貌，在最極端的狀況下，我們甚至把整個屏障都鏟除了。舉例來說，在十九世紀蘇伊士運河完工之後，地中海的海洋生物就能夠進入紅海，紅海的海洋生物也能進入地中海，那些散播出去的物種，就成了其他生物原始棲地中的非原生種。

雖然「非原生種」的散播是靠人類的協助，但還是有兩條但書需要指出來。第一條但書是關於人類協助散播的時刻。自從有人類以來，我們就幫助了非人類生物的散播，但是人類歷史中絕大部分的時間裡，我們的助力和其他非人類生物的助力是相似的。某隻鳥可能在

某個島嶼上吃了某種植物的果實,然後飛到另一個島嶼上,排便時順便散播了種子。人類也能以類似的方式讓植物物種跨越類似的屏障。從現代的角度來看。這些事件相當罕見,其中牽涉到的物種很少,而且移動的距離往往很短。

人類帶來的改變在十五世紀大幅增加〔請參見表1〕。最初始於歐洲人帶頭的殖民行動,那些船隻載滿了各式各樣的植物與動物,前往新的地區,然後載回來外國的植物與動物。在這場規模龐大的生物交換行動中,許多物種在新的土地上建立非原生族群,其中最著名的可能是黑鼠(*Rattus rattus*)。牠們性喜躲在各種船隻和貨物當中,從歐洲與亞洲擴散到了各大洲,只有南極洲倖免。十五世紀後,貿易網絡更加密集,科技進步,增強了非原生物種的引入。因此現在有了適當的經驗法則,也就是以一四九二年這個時間點區分古代與現代人類促進物種傳播事件,進一步分出原生種和非原生種。

第二條但書是要注意到非原生種的族群必須要能夠自主存在,也就是說非原生種族群必須在沒有人類的協助之下獨立生活與繁殖。這個定義排除了受人類照顧的

表1｜古代與現代人類促進物種傳播事件之間的差異

特徵	古代促進傳播事件	現代促進傳播事件
長距離傳播事件的頻率	非常低	非常高
每次事件運送的物種數量	通常很少	多
每次事件運送的個體數量	通常很少	非常多
生物地理屏障的效用	強	弱或甚至不明顯
散播的機制與路線種類	少	多
大規模入侵事件的時間與空間尺度	零星，只入侵到周邊地區	持續發生，同時影響到所有地區
均質化效應	區域性	全球性

物種，例如馴化和栽培的物種。不過如果一群馴化的山羊（*Capra aegagrus hircus*）逃出農場，成為了野生族群，那麼就有資格稱為非原生種。如果這個族群造成了農作物的損害，那麼就可以稱之為入侵種。這個但書也排除了把在原生地之外某物種的單一個體或是數個個體稱為非原生種，因為他們無法建立一個能活下去的族群。這樣的個體通常稱為「引入種」。

不良影響是什麼？

所有的生物體會和周遭種種發生交互作用，因此影響了所處的環境。不論是原生種還是非原生種，所造成的影響中有些會稱為「不良」的。舉例來說，全球都有原生種白蟻，都是造成最嚴重損害的害蟲（是造成不良影響的原生種），牠們對於房屋和公共基礎設施造成的影響，只能用「不良」來形容。這種對於環境的不良影響，是因為人類社會認為房屋和公共基礎設是有價值的。重點是，我們會關注入侵種，不是因為他們對於環境或是其他物種族群帶來「負面效應」，例如讓其他物種的族群縮減，而是說入侵種削減了人類從受影響物種那兒所得到社會價值。當果實蠅使得農作物收成減少，我們便認為那個對於農作物的負面影響是不良的，因為我們重視農作物收成。同樣的，緬甸蟒入侵佛羅里達州南部，使得原生物種族群減少，也是不良的，因為我們重視更大的原生種族群。

由於「不良影響」取決於價值，某一群利害關係人可能會認為某個影響「不良」，但是另一群人則不這樣

認為。在某些例子中,一個人眼中的入侵種,可能是另一個人眼中所需要的資源。這點在本書稍後會再提到。不過我們仍然不可以隨心所欲的去詮釋何謂「負面影響」,和什麼物種從定義上來說才是入侵種。人類和人類之外的環境所具備的社會價值,當然會隨著時間而改變,但是主要還是應該要符合我們對於這些領域的理解。當我們越來越了解健康生態系對人類福祉的重要性,對於維護健康生態系的重視程度也持續提高。

為何「擴散」就足以定義入侵種?

在入侵種的脈絡中,擴散是指非原生物種從最初引入的地區分散,並且分布範圍變得更廣。把擴散納入「入侵」的定義中,提供了這個專有名詞的生態學基礎,這有助於設計研究,以了解為何與何時某些非原生種族群的分布範圍會擴大而另一些卻沒有。通常,不良影響和擴散習習相關。一個物種的分布越廣,就越有可能造成不良影響(我們會在第六章和第七章詳細探討這點)。儘管如此,即使擴散很廣的非原生種在被人類注意到

時，可能不會造成任何明顯的不良影響,但擴散仍然包含在入侵種的定義中。對此有人可能會問,如果生物沒有造成傷害,為什麼要認為是侵入性的？這有兩個重要的原因。

首先,生物入侵中一個特別令人困惑的面向是「入侵遲滯」(invasion-lag) 的概念。這個詞描述了入侵過程中所觀察到的幾種現象,其中之一是「影響遲滯」,即非原生種造成的影響大到足以讓人觀察或測量到的程度之前,已經存在一段時間。從這個觀念延伸出來的是,目前未造成不良影響的非原生種,並不能代表該物種未來是否會產生不良影響。其次,要記住定義入侵種的目的,是幫助設計研究計畫、管理方針和相關政策。認定一個廣泛存在的非原生種為入侵種,即使該物種沒有造成明顯的不良影響,也能確保研究者和管理者持續密切監視該物種。等到某個物種造成不良影響後再採取行動,並不是良好的環境管理方案,特別是有些影響可能不可逆轉。

「入侵種」的概念大約只有六十年的歷史,始於英國動物學家查爾斯・艾爾頓 (Charles Elton) 的著作《動

物與植物入侵生態學》。艾爾頓的研究出自於十九世紀末人們的擔憂：到處都有各種物種引入新的棲地，可能會對環境造成災難性影響。從無數案例中可以發現這種擔憂其來有自。有鑑於我們近來才關注入侵種，對他們的理解也才剛開始，而且就像我們對生態系整體那樣，距離完全理解還很遠。儘管如此，許多基本概念已經建立了，接下來各章將討論物種如何變得有侵略性。

第三章
引入的途徑

　　物種入侵的過程主要分為三個步驟：引入、建立族群以及擴散。也就是說，某個物種要成為入侵種，必須要引入非原生地區，建立一個能夠自我維持的族群，如果這樣還沒有造成不良影響，則進行擴散（圖1）。入侵的程序可以看成由一連串的篩選過程組成。並非所有可能引入到其他環境的物種，都會被引入；並非所有引入的物種都能夠繼續建立非原生族群；並非所有已經建立的非原生族群都會擴散或造成不良影響。我們會在後面幾章中說明建立族群與擴散的過程。本章的重點是引入，這是一個物種從一個地區運輸到另一個地區的過程，以及進入該地區後的狀況。

　　所有引入都是人類活動的結果，主要經由貿易和運

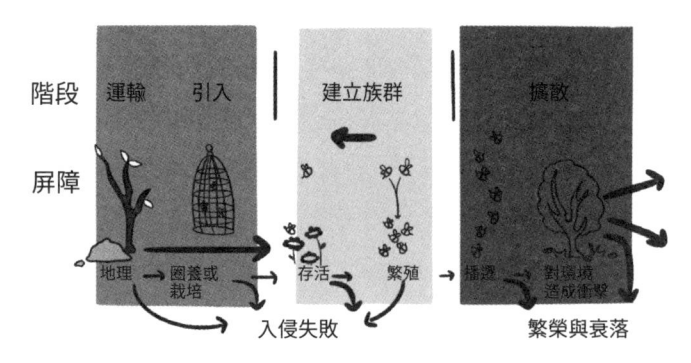

図1｜生物變得具有侵入性的三個主要階段：運輸和引入、建立族群以及擴散。在每個階段中，非原生種都必須克服障礙，例如在運輸過程中存活下來，進入野外、生存下來並尋找配偶以建立族群。

輸網絡。雖然有些物種被引入到新環境是我們刻意進行的，但其他物種的引入則出自意外，是進行貿易的人員或產品移動時非故意造成的結果。隨著對生態系知識的增加、工業的變化以及科技的發展，歷史上引入的物種數量和類型有的增加，有的減少。舉例來說，自從一九五〇年代以來，每年引入的非原生哺乳動物數量一直在減少，當時牠們的不良影響已經越來越明顯，但從那時起，由於全球貿易的擴張，我們發現意外引入的昆蟲物種數量呈現指數級增長（圖2）。這種狀況到了二〇〇〇

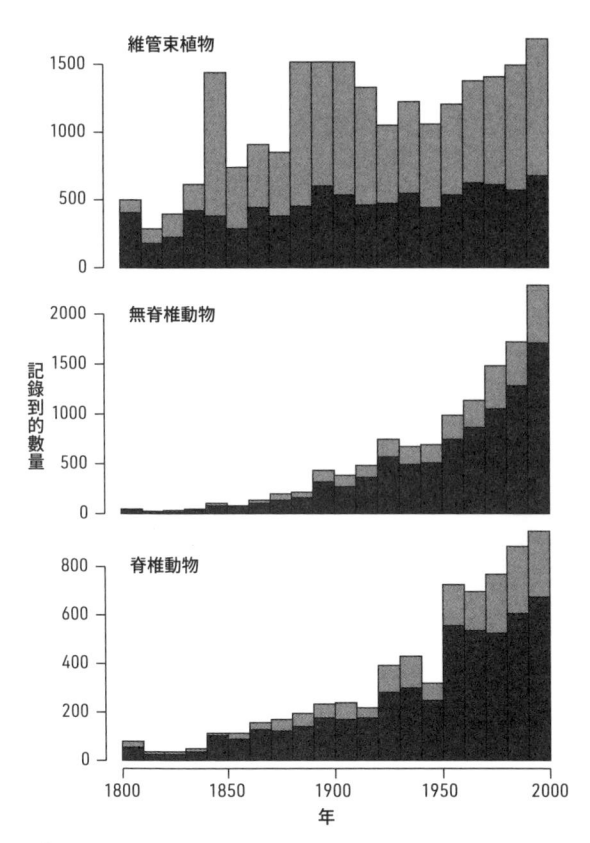

圖2 ｜ 1800年以來，全球記錄到的首次引入非原生無脊椎動物和脊椎動物（淺色條）數量，以及已經建立族群或入侵的物種數量（深色條），呈指數增長，而自1900年以來，新引入的維管束植物則保持一定程度的穩定。

年,全球有兩千多種無脊椎動物物種被引入到新地區,其中很高的比例已經建立了族群。事實上,圖2中的圖表低估了引入事件的總數,因為沒有包括非原生種重複引入某一個地區的情況。同一物種可能會多次被引入到某個地區,在該圖中只算一次。

根據引入物種類型的不同,以及引入物種個體的數量,可以透過下面五種引入途徑得到最好的解釋:廊道、偷渡、汙染、逃脫與釋放。這些途徑根據促進引入行動的直接程度進行分級。「廊道」途徑說明了在人類改變環境後,物種自行播遷到新的生態系;而作為距離廊道最遠的對立面,「釋放」途徑是指人類故意引入個體釋放。

有廊道的地方就有通路

移動廊道是生物體可以用來在適當的棲地之間來回的通道。雖然一些陸生物種是經由廊道引入的,但是利用廊道移動的物種,大多數是水生生物,並利用蘇伊士運河或巴拿馬運河等散播到其他海洋區域。開通運河

移除了海洋生物的主要生物地理屏障,但不一定會消除所有屏障。蘇伊士運河穿過鹽濃度很高的苦湖,毫無疑問地阻礙了許多生物在地中海和紅海之間遷徙。儘管如此,對於海洋生物來說,跨越鹽度屏障比跨越陸地屏障要容易得多。前者需要忍受高鹽度,後者則需要能夠在陸地上移動、呼吸和生存的能力。因此,大約四百種原生於紅海的海洋生物,包括一百多種魚類,現已經在地中海東部建立族群。

相較於蘇伊士運河,巴拿馬運河對海洋物種來說是一道更為可怕的屏障,但它並非不可穿越的。一連串水閘門,將水位從太平洋提升到海拔二十八公尺高的淡水湖達加通湖,之後又下降到鹹水的加勒比海。水閘門本身對許多海洋生物和廣鹽生物(能夠耐受一定範圍鹽濃度的生物)幾乎算不上阻礙,他們已經通過運河或在運河建立族群。最著名的旅行者是大西洋大海鰱(*Megalops atlanticus*),在一九三〇年代末首次記錄到在中美洲的太平洋沿岸有非原生族群,當時運河開通才過了二十五年。由於運河在運作期間,淡水會和鹹水混合,使得加通湖的鹽分越來越高,大約有三十種海洋魚類在湖中建

立了非原生族群。

當我們建造船運航路或運輸廊道時，通常並沒有打算要打造引入生物的廊道。但主要的生物地理屏障消失，也就會使一些物種得以播遷並建立非原生族群。

搭便車入侵

有一種比自己翻山越嶺更容易穿越生物地理屏障的方法：搭便車。生物利用人類的運輸方式偷渡，或摻雜（汙染）在運輸品裡面，都算是搭便車。在這兩種方式中，物種都會因意外而轉移，在我們不知情的情況下抵達新環境。然而兩者有所不同，汙染物是與所運輸的特定產品有所關聯的物種，例如隨進口水果引入的果蠅，或是由寵物攜帶的寄生蟲和病原體。另一方面，偷渡者通常是指在人類運輸過程中意外夾帶的非原生種。後者中惡名昭彰的例子是棕樹蛇（*Boiga irregularis*）。一九五〇年代初，牠與軍用物資一起運出南太平洋的原生地後，意外的引入了關島。

經由汙染和偷渡而引入的物種，主要是體型小的生

物，例如無脊椎動物、植物種子、真菌和微生物。隨著過去幾個世紀運輸方式和技術的發展，搭便車的物種以及移動距離也有所變化。二十世紀初，船隻的壓艙物由乾貨變成水時，運輸物種範圍發生了最大的變化。長期以來，壓艙物一直被用來提高船舶的穩定和航行效率，在二十世紀之前，使用的是土壤、岩石和其他乾的物質，以手工方式放置到船艙中。隨著船舶從一個港口航行到另一個港口，對壓艙物要求也會改變。不需要的壓艙物傾倒在碼頭，需要的壓艙物也會從傾倒物中取用或利用手邊的任何材料。乾壓艙物的移動，使得數百甚至數千種植物和無脊椎動物引入到世界各個陸地環境中。

一九〇〇年代左右，船舶開始使用壓艙水代替壓艙物，將周圍的水抽入船中的水箱。這種方法比徒手裝入乾壓艙物效率高許多，因為水箱毋須船隻停靠在碼頭即可填充和排空。過濾器可以阻止大型生物進入水箱，但無法過濾掉大型生物體形尚小的幼體，也無法過濾掉浮游動物和浮游植物、細菌或病毒。這些生物在某個地區被吸入船舶的水槽中，並與乾壓艙物一樣，當壓艙重量得改變時，會在另一個地區排出。因此，儘管船舶停止

了經由乾壓艙物散布植物種子和陸生無脊椎動物,卻開始藉由濕壓艙物散布藻類和各種水生無脊椎動物。

壓艙物造成的入侵破壞了一些生態系。例如淡海櫛水母(Mnemiopsis leidyi)原生於大西洋西部,體長約十公分,於一九八〇年代初藉由壓艙水引入黑海。在沒有任何掠食者的情況下,黑海中淡海櫛水母的族群迅速增加,密度高達每立方公尺三百隻。由於櫛水母以浮游動物為食,而浮游動物也是歐洲鯷魚(Engraulis encrasicolus)的食物。大量的櫛水母使得浮游動物的密度劇減,最終導致黑海地區歐洲鯷漁業的崩潰。

十九世紀末以來,由於運輸領域的兩個重要發展,使得經由汙染和偷渡途徑引入的物種數量爆增。首先,各地之間的旅行比以往任何時候都更加頻繁與快速。因此,人員、貨物和搭便車的非原生種移動所需的時間,是以小時和天計算,而不是星期或是月。較短的移動時間會增加非原生偷渡者在運輸過程中存活的機率,而旅行頻率的增加會導致更多的非原生個體被捲入入侵的過程。其次,人類的空中、海上、公路和鐵路網絡變得更加密集,展現出典型的「小世界」特徵,只要幾個步驟,

就能夠從任何地方抵達其他地區。我們的交通網絡實際上成為了非原生種的高速公路，因為現在幾乎所有地區都能與其他地區相連接。

然而，這些高速公路上的「道路」，並非全部都是相同的。首先，儘管有些地區與其他地區相連，但有些因位處於交通網絡中典型的「軸輻」模式中心，因此與其他許多地區相連。這些軸輻中心實際上成了「入侵橋頭堡」，是許多非原生種引入的來源地，往往也是因為那些地區中本來就棲息了許多非原生種。例如在一九一四年到一九八四年間，檢測到的進入美國和紐西蘭的非原生螞蟻中，約八成來自入侵螞蟻原生範圍之外的地區，也就是螞蟻已經入侵的地區（軸輻中心）。換句話說，入侵會引發更多入侵。

另一個不相同之處，在於連接道路中的流動在很大程度上是單向的。儘管太平洋國家和亞洲國家之間的雙邊貿易密集，但非原生種的「流動」，主要是從亞洲流向紐西蘭和澳洲，而不是相反的方向。極端的例子是像夏威夷這樣，與其他許多地區連結的島嶼，幾乎接收了來自全球每個角落的非原生種，但夏威夷原生種很少引

入其他地區，也許是因為島上生活的演化適應特徵，使得那些物種很難適應其他地區的生活。

並非所有經由人為廊道的生物都能在旅途中存活下來，但具備了有助於生存特徵的生物，往往會成為新生態系中更好的入侵種。這種模式對於經由偷渡和汙染途徑而引入的物種來說也是一樣的。舉例來說，被吸入壓艙水中的生物會處於黑暗之中，環境的溫度和平時正常環境時也不同，同時競爭者和掠食者的數量增加，石油等化學汙染物的濃度也高，整個旅程可能會持續數個星期。因此能夠熬過這段旅程的個體和物種所具備的生理適應能力，也能夠熬過熱壓力和食物短缺的時期，並且很可能在新環境中更具有競爭力。飛機和卡車貨艙內的條件沒有那麼惡劣，但是仍然有一些個體會死亡，只有更強壯的個體才能存活。我們知道這一點，因為當我們刻意採用後面兩條途徑運輸生物體時，並非所有生物體都能在旅途中存活下來。

把最好的物種放在最好的地區

我們現在已經來到各種引入途徑範疇的最後兩種：逃逸和釋放。因為人類原本就打算移動那些生物，結果非原生種經由「逃逸」和「釋放」到達新地區。這樣做的實際原因幾乎與物種充滿多樣性一樣，五花八門，但是總的來說，潛在的動機始終是經濟利益。許多物種被運輸的目的是要圈養牠們，例如用於異國寵物貿易的爬行動物，但出自於各種不同緣故，那些生物體逃脫了限制範圍，或是因為主人不再需要而遭到釋放。其他物種運輸的明確目的是釋放到野外以便控制其他入侵種，或用於休閒捕魚和狩獵，也有可能是要嘗試開發新的產業。經由偷渡和汙染途徑引入的主要是小型物種（往往是無脊椎動物），大多數脊椎動物的引入是經由逃脫和釋放途徑。在這裡我們至少學到了一個教訓。

從十五世紀到二十世紀初的歐洲擴張和殖民時代，把動物和植物遷移到我們認為合適的地區是常態。在最初的幾個世紀，通常被稱為哥倫布交換，點出了新世界與舊世界之間生物體大規模移動的開始。大部分交

換的生物是屬於農業物種，例如玉米、番茄、馬鈴薯和不同品種的牛。在這個時期，探險家還把山羊、豬和綿羊等馴化物種運輸和引入新的地區，以便成為之後航行中的食物來源。有人說英國探險家詹姆斯・庫克（James Cook）船長在十八世紀的航行中，把山羊引入澳洲、紐西蘭和夏威夷周圍的島嶼，隨後許多山羊建立了獨立生活的族群，導致這些地區的一些植物物種消失。

　　刻意引入非原生種，特別是那些沒有農業目的的物種，在十九世紀中期因馴化協會而達到頂峰。許多國家的協會都致力於把所有物種引入任何地區，只要認為這樣是有好處即可，而那所謂的「好處」，是由協會成員（包括政治家、土地所有者和博物學家）等少數人所定義的。按照今天的標準，閱讀該協會的會議紀錄會讓人發笑和沮喪。根據澳洲維多利亞馴化協會一八六三年的年度大會結論，當時的維多利亞州州長查爾斯・達林（Charles Darling）爵士建議政府把紅尾蚺（*Boa constrictor*）引入殖民地，因為據說牠們可以消滅毒蛇。由於紅尾蚺的主要食物是哺乳動物，因此不清楚要如何才能達到預期的結果。儘管這個建議沒有被執行，但許多其他執行

的建議帶來了災難性的後果。

我們不應該急於譴責十九世紀社會在生態上的錯誤措施。他們憑藉當時的知識工作，在一百五十年的時間裡，持續犯錯，而科學發展為我們提供了當時無法獲得的生態知識。到了十九世紀末，引入大量的動物和植物的光彩，因為當初的承諾沒有兌現而黯然失色，而更糟的狀況是引入的物種變得刺眼。查爾斯‧加文‧達菲（Charles Gavan Duffy）爵士在自傳《我在南北半球的生活》中，回憶了一八七〇年代初（澳洲）一位維多利亞州政府的議員的感嘆之詞：

> 另一位成員低聲說道：「別再提你們的新產業了。你已經看到那些產業造成的結果。一位蘇格蘭人引入了他們自己國家迷人的薊草，我們必須投入經費才能夠加以根除。愛德華‧威爾遜引入了麻雀，麻雀正在對葡萄園造成嚴重破壞。某個好管閒事的人引入了兔子，巴拉瑞特的金礦收入也無法彌補這個後果。」

在美國,有些人也希望暫緩物種的引入。一八九〇年代中期,時任美國農業部副部長的動物學家西奧多・薛曼・帕瑪(Theodore Sherman Palmer)寫了《引入有毒動物和鳥類的危險》這本書,其中的結論是:「引入外來鳥類和哺乳動物應受到法律限制」。

雖然刻意引入動物與植物,特別是鳥類和哺乳動物的情況,從十九世紀以來有所減少,但是我們從中得到的教訓是非常慘痛的。在整個二十世紀,甚至到今天,許多國家為了經濟利益而持續釋放非原生種生物。美洲巨水鼠(*Myocastor coypus*)是一種大型植食性半水生齧齒動物,原產於南美洲,在一九三〇年代因毛皮產業而引入北美洲。一九四〇年代,另一種大型植食性半水生齧齒動物北美河狸(*Castor canadensis*)從原生的北美洲引入到南美洲,同樣也是為了毛皮產業。人們直到此刻都還在為這兩個例子付出昂貴代價,以盡力消除這些入侵種。刻意引入外來種在狩獵和漁業事業中最為顯著,其中每年有數個國家會繁殖和釋放虹鱒(*Oncorhynchus mykiss*)。在當地虹鱒顯然不是原生種,這樣做只是為了維持漁業。幸運的是,昆蟲很少是故意引入的,即使引入,

也是為了生物控制（用某物種來控制其他物種），而且只有在進行大量實驗以確保它們不會失控之後才進行。

脊椎動物和觀賞植物現在大多是透過「逃脫」途徑引入的。在這個途徑中，人類刻意把物種輸入，目的是圈養栽培。這些生物通常是觀賞植物、異國寵物，以及水族商品，那些生物在逃離限制手段之後，或是主人沒有以適當方式處置時，變得能夠自由生活。舉例來說，緬甸蟒和魔鬼簑鮋（*Pterois volitans*）都進口到美國佛羅里達州，以滿足消費者對異國寵物的需求。隨後當牠們遭到人類釋放之後，便進入野外並建立了入侵族群。雖然這是「釋放」的一種形式，但釋放生物的目的很可能不是為了引入，如同前面幾段提到的那種釋放途徑一樣（例如：為了毛皮產業）。相反的，那些生物被釋放，是因為主人認為沒有其他合適的方法來處理那些動物。

一隻寵物逃脫或被釋放到野外時，如果很快死亡或是找不到配偶，那對生態系的長期健康影響便很小。但是寵物和觀賞水族並非孤立存在，也不只存在於少數家庭中。在美國、英國和澳洲，超過一半的家庭中有寵物，其中約有一半不是狗、貓或馬等馴化物種。每年全球販

售的鳥類數量約在兩百萬到五百萬隻之間,其中包括了兩千五百個物種。魚類是交易量最大的寵物物種之一。美國每年進口超過一千一百萬條海洋魚類,包括了兩千三百個物種,淡水魚的數量又多了一個數量級。大多數個體仍受圈養,但即使只有百分之一的個體逃到野外,這樣的寵物貿易也代表了每年全球有數十萬個非原生生物進入了生態系。

圖3取材自約翰・威爾遜(John Wilson)與同事所做的研究,他們檢視了自一七〇〇年以來非原生種引入南非時各種途徑的重要程度。第一個顯著特徵是,即使在這個地區,也沒有哪一群生物在入侵過程的運輸和引入階段裡,可以避免受到夾帶。其次,我們可以清楚發現到,不同群物種的引入途徑,會隨著時間而有起伏變化,一九〇〇年代從乾壓艙物轉變成水壓艙,大幅促進了海洋生物的引入,爬行動物也因為私人飼養的盛行

對頁｜圖3｜各類群的物種通常以數種途徑成為了非原生種。各個途徑的重要性取決於有多少非原生種從中移動,而在最近三個世紀中,各途徑的重要性有所變化,在圖中由線條的粗細表示。

第三章｜引入的途徑

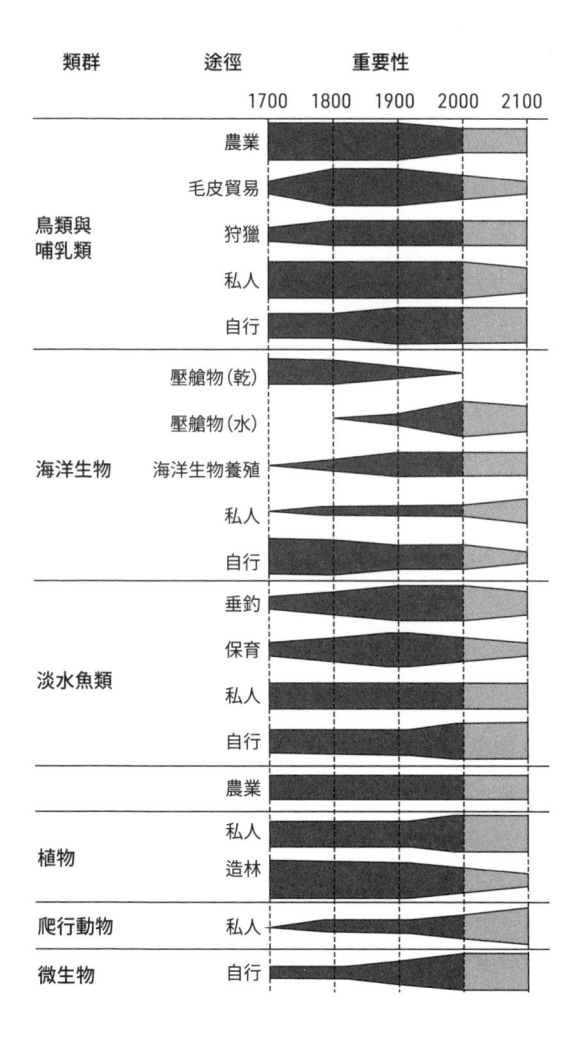

類群	途徑	重要性 1700 1800 1900 2000 2100
鳥類與哺乳類	農業	
	毛皮貿易	
	狩獵	
	私人	
	自行	
海洋生物	壓艙物(乾)	
	壓艙物(水)	
	海洋生物養殖	
	私人	
	自行	
淡水魚類	垂釣	
	保育	
	私人	
	自行	
植物	農業	
	私人	
	造林	
爬行動物	私人	
微生物	自行	

61

而與日俱增。最引人注意和令人失望的重要結果是在二〇〇〇年之後,大多數引入途徑的重要性估計值並沒有迅速下降,這代表了在將來還會持續有非原生種遷移到新的地區。

當然,並非所有進入引入途徑的生物體都能存活下來。許多個體因為途中遭遇的狀況而死亡。對於經由廊道或藏在人類物品內運輸的生物來說,這種結果更常見,因為這些路徑中的條件通常與那些生物適合的環境相差甚遠。但是路徑本身的差異,加上生物的適應能力,以及進入各種路徑的生物個體的數量,代表了許多物種的許多個體確實能生存下來,並且抵達新的生態系。正是因為有那些存活下來的個體,新的族群才有機會建立起來。

第四章

建立族群

在成功度過引入途徑,並且進入新的生態系之後,潛在的入侵種現在必須建立族群。在這個時候,那些物種還只能算是「引入物種」,需要生存下去、茁壯與繁殖,才能建立族群。而且,如果確實成功繁殖了,下一代也需要能生存和繁殖,依此類推。只有這樣,引入物種才能建立持久的族群。

對於新引入的物種來說,能否建立族群尚屬未定之天。在引入途徑中存活下來,並不能保證在新的棲地中也能存活下來,因為後者取決於新的棲地中是否有該物種的生態棲位。如果沒有,潛在的入侵種幾乎肯定會滅亡。對於有性生殖的物種來說,遭遇的困難會更多,因為他們需要找到合適的配偶來建立族群,而且每次都

可能只有少數個體被引入某個地區。對他們來說幸運的是，人類經常年復一年持續把新個體引入到同一地區，算是幫了一個大忙。

N維超空間

所有生物體都有自己的「生態棲位」(niche)，代表了該生物體生存所需的一組非生物與生物資源。為了使這個概念更加具體，想像一種假想的植物，生活在亞熱帶環境中並且可以忍受非常寒冷的溫度。溫度是這種植物的生態棲位中的一個維度，我們可以把溫度與植物的適合度的關係，繪製成圖，y軸表示溫度（圖4）。在一定的溫度範圍內，例如在這個例子中為攝氏十到三十度，這種植物的大多數個體都能生存、茁壯和繁殖。超出這個範圍，存活就會變得益發艱難，直到溫度變得非常惡劣，以至於該物種中的任何個體都無法生存。這是用圖形描述該植物生態棲位中的溫度。每個物種的圖形都會有所不同；有些具有相同的最適合溫度，但是能夠忍受的範圍可能更寬或是更窄。有些植物可能更適合較

高的溫度，而有些則在較低的溫度下茁壯成長。溫度只是一個維度，我們可以繼續在圖表中添加新的維度，以不同的軸表示，用以說明降水、太陽輻射、氮、鹽濃度等，後來英國的生態學家喬治・伊弗林・哈欽森（George Evelyn Hutchinson）用「N維超空間」來表示生物體存活所需的環境特徵。

引入的物種常常由於自身的生態棲位與引入環境不協調而無法建立族群。這種依賴關係在水族產業中特別明顯。每年有數億條魚（其中包括數千個物種）作為寵物出售，當照顧寵物魚的工作變成了負擔時，有3-10%的購買者最後會把這些魚釋放到附近的水道中。有一項研究估計，每年約有一萬條魚被釋放到加拿大蒙特婁周邊的水道。這些遭到釋放的寵物絕大多數只屬於五個物種，包括廣受歡迎的金魚（*Carassius auratus*）和霓虹燈魚（*Paracheirodon innesi*）。儘管這些物種有許多個體進入了水道，但都沒能在蒙特婁周圍地區建立族群。失敗的原因是那些魚原來生長於比較溫暖的水域：金魚來自東亞，霓虹燈魚來自於亞馬遜地區的西部和北部，而蒙特婁周圍的河流和湖泊的水溫到了冬天都會下降到接近或

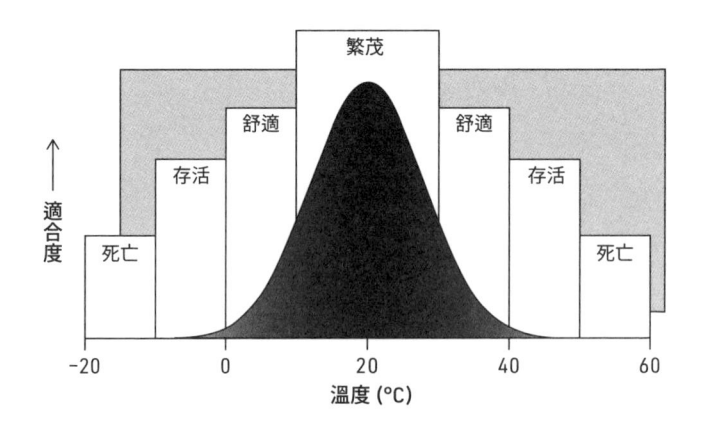

圖4｜某個想像出來的植物之溫度適合性。所有的生物都占據生態棲位。在生態棲位中，溫度是一個維度。這個想像中的植物無法在低於10°C和高於50°C的環境中生存，在這兩個極端之間的溫度比較合適，最佳的溫度範圍是10–30°C之間。

低於冰點。那些魚類根本無法忍受如此低的溫度，遭到釋放的個體可能會在冬天死亡。

生物的生態棲位也延伸到其他生物維度，例如食物資源，或許最明顯的是因繁殖需求的共生關係。舉例而言，榕樹（*Ficus microcarpa*）是種樹形壯觀的植物，有著與樹冠呼應般巨大而延展的根部，幾乎分布在世界各地，用於庭園造景。然而榕樹並沒有在栽種的所有地區

都建立起族群。問題不是出於氣候,而是授粉。榕樹與榕小蜂演化出了專門的共生關係。也就是說,彼此都需要對方來完成繁殖。雌榕小蜂把卵產在榕果內,並在此過程中撒下她們從其他榕樹上得到的花粉,但是出自於兩者共同演化的歷史,並不是任何榕小蜂物種都適合任何榕屬物種。榕樹的繁殖需要正榕小蜂（*Eupristina verticillata*）協助授粉,沒有正榕小蜂,榕樹很少在種植地區建立族群。這種情況最近在一些地區發生了變化,因為榕樹的持續進口帶來了搭便車的正榕小蜂,而在榕樹和正榕小蜂能夠再度相逢的區域,這兩個物種都建立了非原生族群。

生物抗性

即使棲地具備了合適的條件,引入的物種也可能因「生物抗性」(biotic resistance)而無法建立族群:原生種在競爭有限資源時勝過了入侵種,或者原生的掠食者優先吃掉入侵種。生物抗性的例子極少,其中之一是青蟹（*Carcinus maenas*）引入美國時的狀況。青蟹原生於歐洲

和北非大西洋海岸,幾百年一直搭著壓艙物、壓艙水的便車,或是附在船底下,運送和引入到世界各地,並在某些國家建立了族群,其中包括美國大西洋和太平洋海岸的河口。然而,東海岸和西海岸河口的青蟹數量差異很大,原因之一是較大型的原生螃蟹掠食青蟹的強度。東海岸有原生藍蟹(Callinectes sapidus)的區域,青蟹的數量顯然比較少,沒有藍蟹的地區則否。西海岸原生的紅岩黃道蟹(Cancer productus)也扮演著類似的角色,只不過西海岸青蟹的數量更多,但紅岩黃道蟹不太吃青蟹。

存活到建立族群的性狀

這些由生態棲位及生物抗性造成阻礙的必然結果是,許多確實建立族群的物種,通常具備了至少一種下列的特徵。首先,已經建立族群的物種,通常具有寬廣的生態棲位,也就是說可以在多種生態條件下生存。舉例來說,歐洲椋鳥(Sturnus vulgaris)就生活在熱帶、溫帶和北極的棲地。由於數量眾多、分布廣泛,加上寬廣的生態棲位,歐洲椋鳥除了在歐洲和西亞的原生地之

外,還在北美洲、中美洲、南美洲、澳洲、紐西蘭、幾個太平洋島嶼和南非建立了族群。在入侵的世界裡,像歐洲椋鳥這樣的通才很常見。

其次,許多外來物種之所以能夠建立族群,是開發了原生種所沒有利用的棲地。當人類改變環境的程度超出了原生種通常的容忍限度時,這種情況就很常出現。舉例來說,現代農業使用大量的氮和磷,那是地球上幾乎所有生物的基本營養物質,但是在自然的狀況下很缺乏。大多數物種已經適應了這種營養缺乏,並且不容易忍受農業區內營養豐富的陸地和水生環境。引入的物種可以利用營養豐富的環境,例如黑芥菜（*Brassica nigra*）、銀合歡（*Leucaena leucocephala*）和忍冬（*Lonicera japonica*）。這些植物是為庭園造景而進口的,他們可以並且也確實開發了「未利用」的資源。

許多已經建立了族群的物種所共有的第三個特徵,可由「天敵脫離」這個概念說明。引入的物種發現在非原生棲地中沒有掠食者、競爭者或寄生蟲等「敵人」。沒有或減少天敵的引入物種具有很大的優勢,這樣日常的努力可以完全集中在站穩腳跟上,而不是花費寶貴的

資源來保衛自己或躲避敵人。一項研究發現，四百七十三種在其原生範圍之外建立族群的植物物種中，有77%在非原生區域中，所面對的病原體和真菌比在原生區域要少。然而對於這些非原生族群來說，逃離天敵的狀況往往只是暫時的。原生掠食者、競爭者和寄生蟲通常會適應入侵種，入侵種遇到的敵人數量隨著入侵種建立族群的時間增長而增加。因此非原生種可以暫時逃離天敵，也許只是時間足夠長到幫助確保建立族群成功，但並不是無限期的。

繁殖體壓力

即使入侵種在新環境的生態棲位裡完美的安置下來，而且在這個地區中幾乎沒有能成為競爭者、掠食者或病原體的物種，引入物種在成功建立族群之前，仍面臨最後的障礙：繁殖。單次引入事件中同時引入了雄性和雌性、或是單一個懷孕雌性，或是引入的是無性生殖物種，可能導致非原生族群的建立。但大多數已建立族群物種之間的最後一個共同點在於：引入的許多個體通

第四章｜建立族群

常是透過多次引入事件，才使得族群得以建立。這些措施統稱為「繁殖體壓力」（propagule pressure），是成功建立持久族群與否最準確的預測因子之一。簡單來說，繁殖體壓力高等同於成功建立族群的機會高。

其中的理由非常直截了當。隨著引入物種的族群創建個體數量增加，有生育能力的配偶活得長到足以找到彼此、繁殖並從而建立族群的可能性也隨之增加。然而，如果一開始的個體很少，則創建的族群將非常容易受到當地各種事件的傷害，例如火災或洪水就很容易消滅小型的新生族群，或是減少個體數量，導致尋找配偶和繁殖的機會大減。隨著繁殖體壓力的增加，也就是說，隨著建立族群的個體數量增加，新生族群變得更有韌性，能夠抵禦來自外部的衝擊，並且更有可能建立持久的族群。

那麼創建族群需要多少個體？不同物種之間、甚至同個物種在不同地區成功建立族群所需的繁殖體壓力也有所不同，但是菲利浦・凱西（Phillip Cassey）和同事追蹤成功族群的歷史，確定了大約一百個創建個體能夠讓成功創建族群的機會到達80%（圖5）。當繁殖體壓力

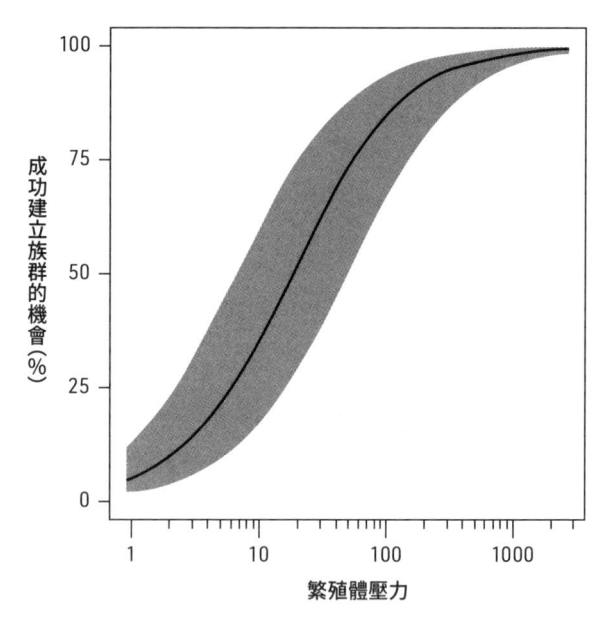

圖5｜新生非原生種族群能夠成為持續族群的機會，隨著創建族群個體（繁殖體壓力）數量的增加而提高。黑線周圍的灰色區域代表的是估計值的95%信賴區間。

從十個個體增加到一百個個體時，建立成功率提高得最快，此後在同一個地區添加更多的創建個體，幾乎就不會發生什麼影響。借助現代運輸和貿易網絡，把一百個個體引入同一個地區，通常不是問題。

不同的引入途徑導致引入事件形成複雜的地理分佈，同一物種的個體被引入到多個不同地點。那些環境與生態的特徵幾乎肯定有所不同，某個地區可能比另一個地區更合適外來種。由此可以推論出，由數量相近的個體所建立的兩個新生非原生族群，面對被消滅的機會，以及滅絕後的補充和建立成功的機會也會有所差異。對於一個在廣大地區分布多個新生族群的非原生種來說，其中大部分族群很可能滅絕，只留下一個族群存在。然而這個持久的族群足以讓該非原生種在那個地區建立起來，並且有機會進一步擴散和帶來衝擊。

第五章
族群散播的方式

袋鼠科是有袋類動物中有趣的一個科,其中大家最熟悉的是袋鼠和小袋鼠。當他們想要長距離前進時,並不會以四肢著地奔跑,而是用跳躍的。世界上很少有地區可以在野外看到袋鼠科動物。當然,除了袋鼠科原來生長的地區——澳洲。另一個是法國巴黎郊外的朗布耶森林,大約一百隻紅頸袋鼠(*Macropus rufogriseus rufogriseus*)把那兒當成了新家。儘管這個法國的紅頸袋鼠族群距離的自然產地數千公里遠,但並不算是入侵種。

法國動物園引進紅頸袋鼠,接著大約有二十多隻個體逃離了動物園,於一九七〇年代,在朗布耶森林中建立起族群。然而五十年過去了,很少有人目擊到牠們,而且族群也沒有擴散到遠離最初引入的地區。要成為入

侵種，建立出的族群需要造成不良影響，雖然不良影響，但往往是族群成長和擴張到其他地區才造成負面結果。紅頸袋鼠當然有能力成為入侵種。一八七〇年代，三到五對紅頸袋鼠引入紐西蘭南島，四十年內數量達到了數千隻；今天大約有一萬五千隻。那麼，為什麼法國的朗布耶族群卻沒有擴散到其他區域去呢？為了回答這個問題，讓我們檢視入侵過程中最後階段「擴散」，並且仔細探究控制擴散的兩個因素：族群成長和「播遷」（dispersal）。

持續增長的族群

族群擴散應視已建立族群的成長而定。如果條件合適，所有族群至少在最初會大致以指數成長。由於所有生物體都需要一定的物理空間才能生存，新個體的出現會使得資源的競爭變得更激烈。對於有移動能力物種，例如大多數動物，競爭的加劇自然會導致一些個體分散到合適且沒有受到占據的棲地。對於植物等固著不動的生物來說，只有落腳於合適且沒有被占據的棲地才能生

存下來，而其他的則要麼無法立足，要麼在成年之前被排擠出去。無論哪種情況，在需要競爭資源的環境中，添上了新個體，最終會導致族群地理分布的擴大。在其他條件相同的情況下，成長速度快的族群會比成長速度慢的族群擴散得更快。

把這種擴散過程在地圖上繪製出來，會出現一個持續擴大的範圍，大致呈圓形，會隨著時間慢慢圈住更多區域。實際上，這種模式並不會完美的重覆，因為對於入侵族群來說，不同的棲地適合的程度不同，這會改變各區域中族群的成長速度，進而增加或減少當地的擴散速度。

歐洲椋鳥於一八九〇年由美國紐約的怪人尤金・施弗林（Eugene Schiefelin）引入紐約中央公園之後，在北美洲的擴張過程可看到這種模式（圖6）。椋鳥在歐亞大陸的開闊草原和灌木棲地中演化出來，很可能許久之前就居住在農田和牧場。因此當椋鳥引入美國之後，族群迅速向南和向西擴張，穿過北美洲大陸中部常見的草原和農場，在抵達了西部內華達山脈和洛磯山脈的高海拔森林時，擴張速度減緩。由於氣溫較低，牠們向北的擴張

入侵物種

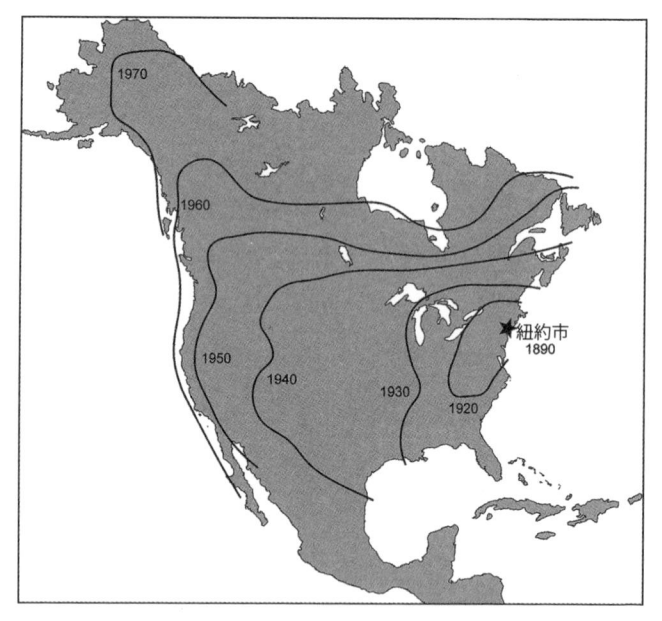

圖6｜歐洲椋鳥在北美洲的擴散，也就是生態地理範圍擴張（ecographical range expansion），始於1890年引入紐約市時。各時間的擴散範圍以等值線表示。等值線之間的距離越遠，那段期間內擴散的速度越快。

也受到了限制。如今，椋鳥繼續利用都市地區常見的草地為棲地。

族群播遷

個體分散的距離遠近是決定已建立族群擴張的第二個主要因子。播遷是指生物體從一個合適的棲地遷移到另一個合適的棲地的能力，基本上視該物種演化以及試圖進入和穿過環境的函數而定。對於動物來說，與運動相關的肢體（例如翅膀或腿）更長或更寬的物種，通常會比缺乏這些特徵的物種分散得更遠。因此就算族群成長速度相同，長頸鹿也會比沙鼠分散得更遠。同樣的，植物如果具備讓種子遠離親代的特徵，也會分散得更快。例如許多兒童都有吹蒲公英（$Taraxacum\ sp.$）種子的經驗，吹出輕輕飄動有如雪花的種子，每個種子都有的降落傘（冠毛），可以讓種子在風中飄盪到很遠的地方。其他植物也演化出別的傳播策略，最重要的是產生果實，由動物食用，然後傳播種子。

這些特徵造就了基本的播遷速率，也就是一道基準線，但對族群擴張貢獻最多的，來自於那些距離起源地非常遠的個體（圖7）。看看種子如蒲公英一樣藉由風力傳播的檉柳。大多數種子會落在「入侵前緣」（距離原

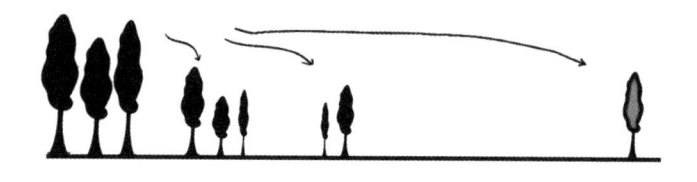

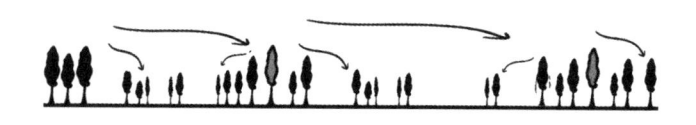

圖7｜非原生樹木族群範圍擴大的簡圖。成株長出的種子被風吹到沒有個體占據的棲地。大多數種子會從親代移動一小段距離，但也有一些會被吹到很遠的距離（灰色的樹）。

先建立族群分布範圍中最邊緣的位置）附近並且發芽。然而有少數會被吹得很遠並且建立「衛星族群」：位置遠超出入侵前緣的非原生族群。這些衛星族群以兩種方式幫助擴張。首先，衛星族群幫助占據了主要族群和衛星族群之間的空間，這兩者的入侵前緣現在接觸了。其次，衛星族群可以產生更多的衛星族群，使得入侵種在整個區域中迅速擴張，讓入侵前緣大幅向前跳躍。

不只有能夠藉突來強風的少數植物能夠建立衛星族群，非原生動物也可以建立衛星族群，通常是藉助於人類。在入侵過程中，人類又一次把物種從一個地區轉移到另一個地區。與最初非原生種的引入相較，人類在已建立族群的非原生種的散播，扮演了不同的角色，最明顯的是運送的距離和類型。在最初的引入過程中，非原生種的個體通常由輪船或飛機運輸很長的距離，而汽車、卡車、休閒用船隻，甚至自行車，則為已經建立的族群提供比較短程但更為頻繁的播遷，讓他們的非原生範圍擴張。出於我們對引入階段的了解，政府機構可以嘗試透過檢查進口商品來阻止入侵種，然而一旦非原生種建立了族群，就很難阻止社會成員意外移動了該物種。舉例來說，週末露營旅行的家庭通常不會意識到，他們的車子或露營設備可能會把非原生種個體帶到瀕危的棲地。

擴張、穩定、收縮

族群增長和播遷的動態導致了「雙相擴散」(bi-phasic spread)。這是一種常見的入侵種散播地理模式，特點是一開始擴散的速度緩慢，然後到了某個看似隨意的時間點之後，便是持續很久的快速擴散。一九九〇年代初期至中期，白蠟瘦吉丁蟲這種原生於亞洲東北部的木棲甲蟲，侵入了北美洲東部，出現了雙相擴散。白蠟瘦吉丁蟲最初在美國密西根州底特律附近建立族群。初始族群很小，而且往往局限在當地，在底特律附近的森林中緩慢的向外擴張。最初的擴散速度估計約為每年四公里，到了二〇〇一年，擴散速度急劇增加至每年十三公里（圖8）。速度增加的原因是由於二〇〇一年入侵前緣之外有大量衛星族群建立起來，而且彼此合併了。事實上，這些衛星族群是白蠟瘦吉丁蟲幼體藏在商業和住宅區中使用的木材或白蠟樹內一起運輸所造成的。現在已經發現白蠟瘦吉丁蟲侵入美國三十五個州了。

入侵種無法永遠擴大分布範圍。族群擴張最終會因為缺乏合適的棲地而受到限制。對於某些物種，例如北美洲的歐洲椋鳥，這可能只有當族群覆蓋整個大陸（圖6），抵達太平洋時，擴張才會停止。同樣的，北極圈極度寒冷的氣候，也超出了椋鳥的耐溫能力，阻止牠們向

第五章｜族群散播的方式

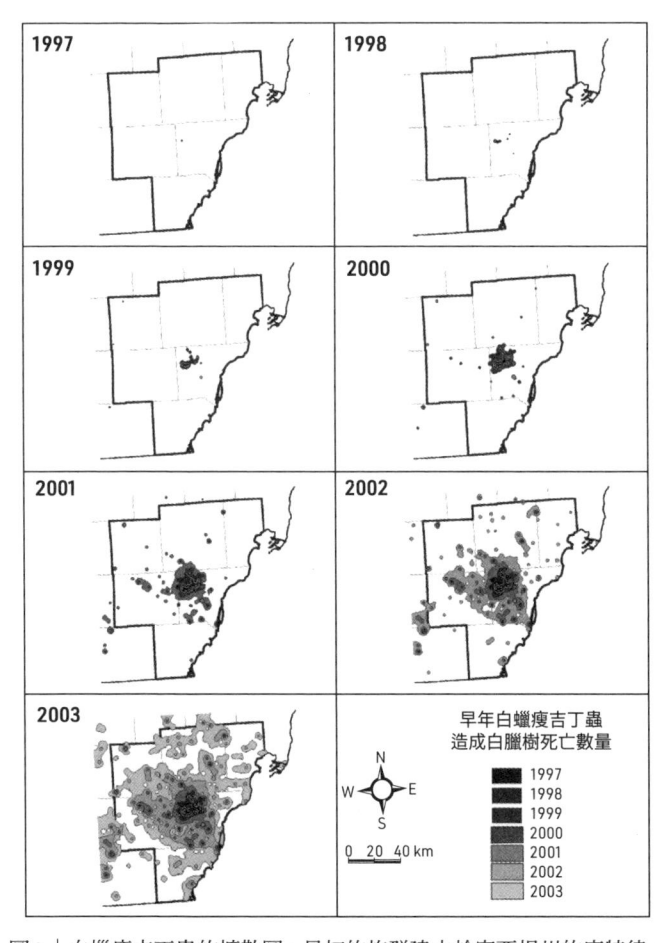

圖8｜白蠟瘦吉丁蟲的擴散圖，最初的族群建立於密西根州的底特律。

83

北前進。

　有些物種不會擴散到遠離最初建立族群的地區。在這些例子中,合適生存的條件可能只有當地才具備,而周圍的棲地並不適合維持族群,或是當地的條件可能根本不足以支持族群的高增長速度。不管情況如何,入侵種仍然只分布於當地。不過令人驚訝的是,在已經建立族群的非原生種中,擴散失敗的情況相當普遍。在所有成功建立族群的非原生鳥類中,約有三分之一的分布面積小於一百五十平方公里,這個面積比紐約曼哈頓島大不了多少。

　話雖如此,我們不能假設那些局限在某些地區的非原生種會永遠維持現況。「入侵遲滯」是指在整個入侵過程中可能發生的幾個相關現象。在入侵的擴散階段中,遲滯事件的特徵是在一段看似沒有特定根據的時間長度內,族群實際上沒有增長,也沒有相關的非原生種分布區域擴大,隨之而來的是預期中的族群快速增長,以及分布範圍快速增加。這種現象並非不尋常,在幾類入侵種中都可觀察到。桑米・艾基歐（Sami Aikio）和同事調查紐西蘭的一百零五種入侵植物,發現幾乎全部都

在傳播階段中出現了遲滯期,從建立到擴散之間的平均時間在二十到三十年之間。同樣的,凱文‧阿嘉德(Kevin Aagaard)和茱莉‧洛克伍德(Julie Lockwood)調查夏威夷的十七種入侵鳥類,發現大約有八成的遲滯時間在十到三十八年之間。儘管這些研究和許多其他研究記錄了入侵遲滯,但我們對造成遲滯的潛在原因所知甚少,以至於預測物種何時擴散以及哪些物種會擴散變得相當棘手。

如果入侵遲滯(或特別是擴散遲滯),使得一個非原生族群在數量激增前保持停滯一段時間,相反的情況也會發生;一個穩固且分布廣泛的非原生種的分布和數量可能會迅速縮減,甚至完全消失。然而除了我們的防治工作的確抑制或根除入侵種的情況外,並非總是清楚這種情況發生的原因或是過程。這種「繁榮與蕭條」的現象在島嶼上更是常見,對於族群規模曾經變化很大的物種也是,在後者的情況中,個體數量迅速增加,隨後族群自然崩潰。

已建立族群崩潰的原因可能有很多。入侵種面臨的一項困境是遺傳多樣性比較低,因為最初建立族群的

個體數量有限。遺傳多樣性低會削弱族群適應新環境或忍受不利條件的能力。另一個因素是「天敵累積」。你當然還記得，引入的物種可以「逃離」原來的天敵，這有助於它們建立最初的族群。如果沒有這種生態上的壓力，族群就會迅速成長和擴大。然而隨著時間的推移，入侵種可能會累積新的天敵，當這些敵人開始利用持續增長的入侵種族群時，個體的生存率和繁殖率就會下降，有時甚至會急劇下降，入侵可能會失敗。

後面這種情況似乎發生在全世界對生態和經濟破壞最嚴重的入侵種長足捷蟻（*Anoplolepis gracilipes*）上。這種螞蟻原生於東南亞，但是已經在世界各地建立了許多非原生族群，包括非洲外海的塞席爾群島、聖誕島和澳洲的阿納姆地。幾個螞蟻群集的數量曾經非常多，卻在管制手段的干預下而減少了。舉例來說，聖誕島的超級蟻群中，本來每公頃超過兩千萬隻螞蟻（等於每平方公尺有兩千隻螞蟻），使得環境不適合原生動物棲息，卻在十八個月後下降到允許原生動物重新建立族群的數量。在阿納姆地，一些長足捷蟻的數量下降，三個蟻群滅絕，其中包括一個占據大約四公頃莽原林地的成熟蟻

群。至少在阿納姆地，這些蟻群崩潰的原因似乎是病原體降低了繁殖率並且導致了滅亡。

　　現在我們回到本章的開頭，並且提問：為什麼朗布耶森林中的紅頸袋鼠沒有蔓延到法國各地並且成為入侵種？雖然我們還沒有發現這個例子的具體原因，但現在你已經掌握大概的狀況了。紅頸袋鼠的族群一定還沒有大到足以導致擴散到其他地區，至少目前還沒有。你也可以補充說明，紅頸袋鼠的族群成長得不夠大，要不是因為環境不太適合，就可能是要傳播時的周圍環境不適合。不論如何，朗布耶的族群夠小，影響也夠小，因此尚未被視為是「入侵的」。儘管如此，還有許多其他非原生種數量增長並且遍布各地的例子，所造成的影響也隨之而來。

第六章
生態系中的交互關係

回想一下,入侵種由兩個特徵定義。首先,他們不是某個地區的原生種。其次,他們會造成不良影響,或是擴散到最初引入的地區之外。到目前為止,我們已經說明了非原生種如何建立族群並在新的區域中擴散,現在得把注意力轉向非原生種如何造成不良衝擊。然而在此之前,需要先了解一些生態的交互關係,而在下一章會說明生態系的狀態。

生態系的定義是,在某個特定區域內,與物理環境和彼此之間有交互作用的生物群聚。英國的草原是一個生態系,北美的湖泊、非洲的沙漠、南極嚴寒的海水也是。儘管在想到生態系時,最明顯的特徵是植物和動物,尤其是群居的物種,但主要是恆定發生的生態交

互關係,因為這是塑造生態系的基本過程。以掠食交互關係為例。無論包含什麼物種,在大多數情況下,所有生態系都有動物吃動物、動物吃植物,某些情況下還有植物吃動物。有許多樣態的生態交互關係,其程度有從細微模糊到顯然嚴重。由於我們無法在此提供詳盡的內容,會把重點放在入侵種在生態系中交互關係的主要類型。

吃掉原生種

吃掉生態系中的其他物種,是物種之間最明顯也最有影響力的交互關係之一。所有異營生物(以其他生物作為食物來源的物種)都會這樣做,無論他們是頂級掠食者還是植食性動物。如果非原生種真的會持續進食,那麼這種交互關係可能會造成嚴重的問題,因為原生獵物和非原生掠食者通常沒有經歷相同的演化歷史。如果沒有共同的演化歷史,原生種往往不會警覺非原生掠食者,使得自己更容易被捕獲或食用。同樣,如果沒有共同的演化歷史,原生種植物可能無法對非原生植食性動

物做出適當的防禦。

非原生植食性動物對生態系有相當大的影響，因為牠們以食物網底部的生物為食。有些植食性動物，無論是原生的還是入侵的，都可能吃掉幾乎所有種類的植物，而其他植食性動物則只吃植物的某些部位，例如葉子、果實、根或韌皮部等內部組織。如果植食性動物對重要植物群聚的影響足夠大，可能會引起營養級聯效應（trophic cascade），影響許多和植食性動物沒有關聯的物種，甚至導致生態系本身發生實質變化。出於這個理由，山羊、豬、馬和兔子一向都是破壞力最強大的入侵植食性動物。舉例來說，在夏威夷群島的雷仙島，穴兔（*Oryctolagus cuniculus*）在島上建立族群的二十年內，就滅絕了二十六種原生植物。由於這些原生植物是重要的動物棲地，植被的喪失導致了三種原生鳥類和五種昆蟲的消失。同樣的，在澳洲，入侵的穴兔族群會挖洞，同時把能夠固定土壤的植被吃掉太多了，導致大片土地遭到侵蝕，在某些情況下導致農地失去價值。

最近幾十年，非原生植食性昆蟲成為對經濟和生態危害最大的物種之一。僅考慮一群入侵的植食性昆蟲，

在數量足夠多時,牠們可以在一年吃掉一棵樹的所有葉子。由於葉子是進行光合作用的場所,任何樹木失去了大部分葉子,生長速度會減緩,減少繁殖產能,甚至可能死亡。

大多數植食性昆蟲只把某一類的樹木葉子當成食物,因此造成的影響很大程度上會針對特定的物種。舞毒蛾(*Lymantria dispar*)於一八六九年從歐洲引入北美洲以發展絲綢業,是一個經典的災難性案例。舞毒蛾幼蟲會吃幾種北美原生樹種的葉子,但主要是原生橡樹(櫟屬〔*Quercas*〕物種)。幼蟲有時會直接殺死一棵橡樹,但大多數情況下,牠們吃葉子會導致種子產量減少和樹木生長緩慢。隨著時間的推移,結果便是整個森林中的樹木群聚產生了變化,曾經占據優勢地位的原生種橡樹,被其他樹種所取代。

掠食性物種,尤其是頂級掠食者,一直是自然生態系中最具影響力的入侵種之一。當入侵種在生態系中展現出新奇的狩獵策略時,影響可能更加嚴重,就像佛羅里達大沼澤中緬甸蟒的情況。緬甸蟒是原生於東南亞的大型蟒蛇,自一九九〇年代初就在佛羅里達大沼澤

建立起族群。儘管大沼澤中還有其他蛇類，但該生態系至少一千五百萬年都沒有大型蛇類在其中生活。這段歷史加上緬甸蟒的體型巨大（有時可達五公尺），那麼牠們會對生態系帶來毀滅性影響，也就不足為奇了。在蟒蛇出沒的地區進行哺乳動物調查，結果顯示，原生的灰狐（*Urocyon cinereoargenteus*）、紅狐（*Vulpes vulpes*）、浣熊（*Procyon lotor*）、北美負鼠（*Didelphis virginiana*）、白尾鹿（*Odocoileus virginianus*）和截尾貓（*Lynx rufus*）族群減少了九成，但沒有緬甸蟒的地區這些物種卻分布廣泛。在掠食性互動中，生態系可能很快就會失去很多生物。

與本土種競爭

進入生態系的非原生種幾乎肯定會與幾種原生種競爭食物、光線、營養物質或最基本的資源：空間。在極端情況下，如果入侵種是更強的競爭對手，可以使得當地的原生種個體完全無法接觸到這些資源，導致後者死亡或族群滅絕。有時候農民會花費大量體力和財力來清除農田上的非原生植物（通常稱之為雜草），這突顯了

競爭交互關係有多麼嚴重與明顯。另一方面，競爭的影響可能是微妙的，這時交互關係不會直接導致相關個體死亡，並且需要幾代的時間才能顯現出來。在通常的情況下，競爭只會降低原生種的繁殖和生長速度。

由於行光合作用的植物需要陽光才能生存，因此對光的競爭是非原生植物影響其他植物的主要方式。陽光當然不會短缺，但取得陽光的機會可能會不足。因此植物演化出許多競爭光線的特徵，足以在原生群聚中對抗其他植物共同演化出競爭陽光策略，成功的生存下來。當非原生植物具有原生植物無法對抗的優勢策略時，就會引發問題。一個記錄詳細的例子是大豕草（*Heracleum mantegazzianum*）對英國的入侵。大豕草是草本開花植物，原生於歐洲東部，作為觀賞植物引入英國和其他地區，是在十九世紀特別受歡迎的庭園植物。一旦大豕草離開庭園，則更偏好在草地上生長，並且會形成密集的草叢，遮住原生禾草和開花植物的陽光，在一些有大豕草入侵族群的地區，多達二十種原生植物消失了。

對於固著和半固著的物種來說，競爭空間是很常見的。以斑馬貽貝（*Dreissena polymorpha*）為例，牠於一

九八〇年代透過船隻的壓艙水,從歐洲引入到北美五大湖。由於所有貽貝一生中大部分時間都附著在堅硬而穩定的表面上,因此斑馬貽貝直接與北美原生的蚌科貽貝(*Unionid mussel*)爭奪空間。不幸的是,對於原生種來說,斑馬貽貝是更厲害的競爭對手。斑馬貽貝個體成熟到繁殖只需要花一年,因此族群快速增長,而原生貽貝則需要三到五年。隨著族群的成長,斑馬貽貝會占據所有可用的堅硬基質,當沒有可用的堅硬基質時,就會直接壓在原生貽貝上,這會使得原生貽貝窒息,並且阻礙牠們的進食和生長能力。在斑馬貽貝密度高時,悶死只是競爭的一種方法,因為斑馬貽貝也會使得水中可用的營養資源減少。對於原生貽貝來說,不僅可用於建立族群和收集食物的地區較少,而且水中的食物也大減,這兩者都對原生種有害。

有移動能力的物種之間也會為了空間而競爭。讓我們回頭在看聖誕島上的長足捷蟻。該島因為棲息了聖誕島紅蟹(*Gecarcoidea natalis*)而聞名。島上曾經有一億隻紅蟹,牠們進食的時候會把種子和果實搬動到洞穴中,並且偏好吃掉某類樹苗,使得他們成為森林生態系的主

要工程師。長足捷蟻引入後的幾十年，長足捷蟻在島上數量過多（有關長足捷蟻數量減少的詳細內容，請參見之前的說明），這種動態改變了。紅蟹不會吃螞蟻或傷害螞蟻，但當螃蟹移動時，長足捷蟻受到誤導而進行防禦，會噴出甲酸，最終導致螃蟹死亡。再加上長足捷蟻會競爭洞穴空間，數千萬隻紅蟹因此死亡，從而對整個生態系帶來了一連串影響。舉例來說，非原生的咬人樹（*Dendrocnide peltata*）數量增加了，森林底層的落葉和樹苗的增加對另一個入侵種非洲大蝸牛（*Achatina fulica*）有利，同時導致原生的白頭鶇（*Turdus poliocephalus*）、翠翼鳩（*Chalcophaps indica*）和李氏鱗趾虎（*Lepidodactylus listeri*）的數量減少。爭奪空間或是其他任何資源，雖然可能不像捕食性交互關係那般產生直接效果，但仍可能讓入侵種對整個生態系帶來巨大的影響。

感染原生種

當一個物種入侵棲地時，可能會把寄生蟲和病原體一起也帶過來，這些寄生蟲和病原體可能會感染原生

種，在競爭或掠食性交互關係之外造成影響。寄生蟲和病原體是在其生命週期中至少有一個階段需要宿主物種的生物。宿主提供重要資源（通常是營養），使寄生蟲或病原體能夠成功繁殖、生長或變態，進入新的生命階段。宿主所付出的代價可能從覺得煩到生長或繁殖率下降，最極端的狀況是死亡。這些代價的高低通常有所不同，取決於宿主是否同時面對其他壓力來源，例如缺乏食物，或者宿主是否已經演化出針對寄生蟲或病原體的防禦措施。有些寄生蟲和病原體僅依靠單一宿主，因此，如果和宿主一起引入新的棲地，則對當地的原生種幾乎不會產生影響，事實上還可能會降低入侵成功的機會。然而，許多寄生蟲和病原體並沒有受到這種限制。

太平洋牡蠣（*Magallana gigas*）是一種常見的養殖貝類，原生於太平洋西北部和日本海的海岸線，該物種入侵寄生蟲物種影響的案例。牡蠣是受歡迎的食物，因此世界大部分地區引入牡蠣，進行水產養殖。但是由於牡蠣經常逃逸出飼養範圍，現在也是分布範圍最廣的海洋入侵種之一。不幸的是，牡蠣並不總是單獨移動，寄生在牡蠣身上的橈足類動物東方貝蚤（*Mytilicola orientalis*）

也一起跟隨著。在歐洲的瓦登海，這種入侵的寄生橈足類動物把原生的紫殼菜蛤（*Mytilus edulis*）、歐洲鳥尾蛤（*Cerastoderma edule*），和波羅的海櫻蛤（*Limecola balthica*）當成了新宿主。這種入侵性橈足類動物在幼年期會棲息在原生貝類的腸道中，吃宿主的腸道組織以及流經腸道的營養物質，使得宿主貽貝的生長速度減緩，並且增加宿主死亡的機會。近幾十年來，入侵橈足類動物增加了對原生種紫殼菜蛤的寄生，對經濟與環境造成衝擊，因為紫殼菜蛤通常被人類當成食物，並且對於維持瓦登海的水質極為重要。

非原生病原體和寄生蟲的巨大影響，在於他們引起的疾病。在植物中，超過一半的新興傳染病是由非原生的病原體、真菌或類真菌的生物感染所造成，是森林樹木新興傳染病的主要原因。這些入侵病原體包括惡名昭彰的栗樹枯萎病和荷蘭榆樹病，後者在二十世紀導致了英國和歐洲大陸絕大多數成熟的原生榆樹消失了。

動物也未能逃過致病的侵入性寄生蟲和病原體。全球原生兩棲動物族群的減少和滅絕，在很大程度上是由蛙壺菌病所引起的，蛙壺菌病是由入侵性蠑螈壺菌（*ch-*

ytridiomycosis)和蛙壺菌（*B. dendrobatidis*）引起的傳染病。隨著整群蛙類物種從生態系中消失，級聯效應自然也隨之而來。一項研究發現，由壺菌所引起的兩棲動物大範圍喪失之後，巴拿馬熱帶地區蛇的多樣性也崩潰了。因此國際自然保護聯盟所列出的「一百個最嚴重的外來入侵（非原生）物種」中，有四分之一是非原生的寄生蟲和病原體，也就毋須驚訝了。

物理性交互關係

到目前為止已經討論了物種之間的各種交互關係，也就是兩個（或多個）物種個體之間發生的交互關係。最後一組重要的生態互動是入侵種與周圍物理環境之間的交互關係。生態系中的非生物組成包括了化學特性（例如水的酸鹼值）、地形和地理結構（引導水和養分穿過地表，或是成為生物的庇護地點）。透過影響環境的物理特徵，入侵種會對其他物種可用的生態棲位空間產生重大的影響。

回頭來看大豕草，可以見到入侵種如何推倒第一張

骨牌，讓整個生態系發生變化。通常河岸會比較堅固，是因為物種豐富的原生植物群聚把土壤固定在一起防止侵蝕。但是當大豕草在河邊生長時，會排擠原生種，成為唯一在河邊生長的植物。由於大豕草沒有像原生植物那樣廣泛延伸的根系，大豕草下面的土壤便沒有那麼牢固。當暴風雨來襲時，有大豕草叢生的河岸往往更快受到侵蝕。這種高侵蝕率使得溪流中的沉積物增加，導致水的濁度提高，溪流的水下植物得到的光照減少。光照減少了，沉水植物便跟著減少，溪流中的植物減少，動物幼體躲避敵人的地方減少，同時水流加速。水流加速會導致進一步的侵蝕，改變水流方向，並且對下游水流量和水流可用時機產生重大影響。單一入侵種所產生的這種骨牌效應，並非大豕草所獨有。澳洲阿爾卑斯山的野馬（*Equus caballus*）也造成了類似的狀況。馬的身體沉重、腳蹄堅硬，會踏壞河岸邊緣，導致河岸倒塌，引發骨牌效應。

　　透過觀察非原生蚯蚓，我們發現即使是最小的（在這種情況下通常是看不見的）入侵動物，也會影響整個生態系的物理特性。舉例來說，這幾個世紀，來自於

歐洲的蚯蚓屬（*Lumbricus*）和來自亞洲的遠環蚓屬（*Amynthas*）物種，被引入北美洲。引入這些蚯蚓會造成大問題是因為，北美洲的許多溫帶和寒帶森林中本來沒有蚯蚓，蚯蚓和以森林為家的原生種之間沒有共同的演化歷史。當蚯蚓穿過土壤，會混合有機和無機土層，這使得土壤中碳與氮的濃度下降，並讓某些地區的有機層完全去除了。這樣的混合本身使得土壤不適合淺根系的原生植物生長。淺根系的原生植物在森林底層很常見，而入侵的蚯蚓最終導致了包括美國契波瓦國家森林和希夸默根國家森林在內的幾個生態系中，草本植物多樣性的減少。

有些物種直接影響生態系的化學組成，進而影響其他物種的生存和繁殖。舉例來說，化學相剋作用植物（Allelopathic plants）把生化分子釋放到環境中，抑制潛在的競爭植物。這些化合物以多種方式沉積，但植物通常是從根部釋出，或是讓葉子落到地面腐爛後釋出。木麻黃屬（*Casuarina*）的植物屬於後者。木麻黃也稱為澳洲松，原生於全東南亞和澳洲東北部，現在已經入侵到了美國、南非、印度和巴西。根據土壤的不同，樹的高度

可達六至三十公尺。在這樣的高度，木麻黃的葉狀結構（其實是覆蓋著鱗葉的小樹枝）會掉落在樹根周圍。活的樹和腐爛的葉子都會釋放植物毒素，特別是酚類，讓土壤酸性增加，從而抑制樹根周圍其他植物的生長。在木麻黃入侵的地區，原生的林下植物通常不會生長。

　　木麻黃的直接影響是原生林下植物群聚的消失或減少，但也有延伸的影響，包括植被結構的徹底變化。當木麻黃樹取代其他樹木並抑制林下植物的生長時，這種只由單一植物構成的林地，幾乎沒有結構多樣性。也就是說，整個林地生態系的樹冠高度會大致相同，並且整個樹冠到地面之間也幾乎不會分層，這會影響到原生動物，因為原生動物往往在不同層上覓食與躲避。舉例來說，吃葉子的原生動物受限於可以吃的植物種類以及能抵達到的高度，自然需要找到一個沒有木麻黃且具有合適植物和結構的新棲地。同樣的，撿拾食物的小型動物，通常會在森林下層躲避捕食，牠們在木麻黃森林中被捕食的機會會增加，直到也找到替代棲地為止。

　　入侵種的影響層面包括火災或洪水發生的範圍，而最後還需要強調一個重要影響。火是絕大多數生態系中

一種特別強大的建構力量。居住在容易發生火災生態系的原生植物和動物,若不是能夠耐得過火災,便是需要火災來完成生命週期。舉例來說,佛塔樹屬(*Banksia*)和桉樹屬(*Eucalyptus*)植物的種子,只有接觸到野火期間的高溫之後才會萌芽。維持這種演化關係的關鍵是火災發生的週期、火的燃燒程度(稱為火災強度)以及植物的哪些部分受到燒毀。這些因子改變的程度若太大,都會對耐火植物產生負面影響,進而蔓延到生態系。舉例來說,在澳洲西部的佛塔樹林地中,高強度的野火降低了成年植物的存活率和種子產量,最終使得當地環境變成不適合瀕臨滅絕的短嘴黑鳳頭鸚鵡(*Zanda latirostris*)。

禾草是對火勢產生巨大影響的一類物種。在澳洲,水牛草(*Cenchrus ciliaris*)入侵半乾旱生態系,使得火災間隔時間顯著縮短,火災強度也增加了。這種效應是由於入侵草類生長得比原生種更快,使得「燃料負荷」(能夠燃燒的植被)累積的速度比正常時更快。事實上,這個過程可以產生出正回饋循環,有助於水牛草的擴張。隨著火災頻率和燃燒強度增加,原生植物減少,入侵的水牛草擴展到那些空出的地面,導致火災強度和頻率進

一步提高，原生種變得更少。一開始地面上的原生植物受到的影響最大，但最後火災頻率和強度也足以影響上層物種，例如著名的叉葉哈克樹（Hakea divaricate）。

除此之外，非原生松樹（松屬〔Pinus〕）在南非的凡波斯（fynbos，南非特有的灌木叢和荒地）中，導致了類似而且特別嚴重的有害循環。與水牛草一樣，雖然凡波斯是容易發生天然火災的生態系，但是入侵松樹增加的燃料負荷，超出了原生樹木所生產的量。同樣的，增加的燃料負荷使得火災強度和頻率都提高了，造成原生植物的數量減少。入侵的松樹藉由化學相剋作用與爭奪陽光，進一步抑制原生種。對原生種的最後一擊是供水減少，首先是因為入侵的松樹比原生灌木消耗更多的水。其次，入侵松樹造成的林下植被改變，讓更多的水流失，溪流水量降低，導致環境變得更為乾燥，使得火災的影響雪上加霜。還要提到的是，有一項研究估計，由於另一入侵種黑荊（Acacia mearnsii）的引入，導致南非溪流水量減少，自引入以來造成了十四億美元的損失。入侵松樹、火災頻率和水流之間的這種生態回饋關係，使得凡波斯生態系產生了大規模轉變，阻礙了當地許多

特有物種的生長。

從這一點可以明顯看出（尤其是最後一個例子），生態交互關係並非單獨發生。任何特定物種都會對周遭的非生物和生物環境產生多種生態交互關係，其中某些過程會在正回饋循環中放大，如上面的凡波斯的例子，而其他過程可能會在負回饋循環中被抑制，從而減少潛在的影響。非原生種的問題在於，由於他們通常和新環境沒有共同的演化歷史，因此當處於動態的生態系吸納新物種時，新物種的生態交互關係的影響可以透過環境而傳播。正是透過生態系狀態的變化，入侵種帶來了最大的影響。

第七章
生態系的各種狀態

　　生態交互關係,加上環境中非生物和生物的組成,決定了生態系的「狀態」。生態系狀態的概念,反映了生態系不是靜態的實體,而是處於變動的狀態,並且對輸入產生反應。一般而言,我們最熟悉的是短期變化。像是落葉林每年的循環:樹木不再翠綠,轉成鮮豔的橙色和紅色,然後葉子全部掉落,直到春天重新甦醒;在此期間,動物族群隨著遷徙、繁殖和周遭的變化而興衰。對森林來說,一年的循環如同一次呼吸的吐納。還有其他時間尺度更短和更長的循環週期。今年的降雨多了一些,會導致明年林下草本植物的增加,額外的植被會讓植食動物在繁殖季節產下更多後代,刺激掠食者數量的增長。只要能夠密切關注,我們毋須離開後院,便

能夠親眼目睹這些轉變。

　　延長觀察的時間範圍,這些短週期會在生態系的長期狀態中起落。當我們想到沙漠時,撒哈拉沙漠會是在腦海中浮現的典型形象:起伏的沙丘綿延到地平線那端,猛烈的陽光從頭頂灑下,但這只是該生態系可能存在的眾多狀態之一。大約一萬年前,撒哈拉地區更加多雨,現在炎熱乾燥的沙漠地區有很大一部分當年是潮濕的熱帶林地和草原。那是另一種狀態。當生態系處於某個特定狀態,其中生物群聚與物理條件和組成,大致維持恆定。但是,當外力的規模或持續時間變得太大時(舉例來說,來自入侵種的影響),生態系可能會轉變成新的狀態,也許之後不可逆轉。

生態系狀態

　　想像生態系狀態以及入侵種如何影響生態系狀態,球和山的類比很有用。在圖9中,X軸代表生態系(球)可能存在的連續狀態。球所在的線是「穩定曲線」。這條曲線中有山谷,代表了穩定,斜坡的特徵就是不穩

第七章｜生態系的各種狀態

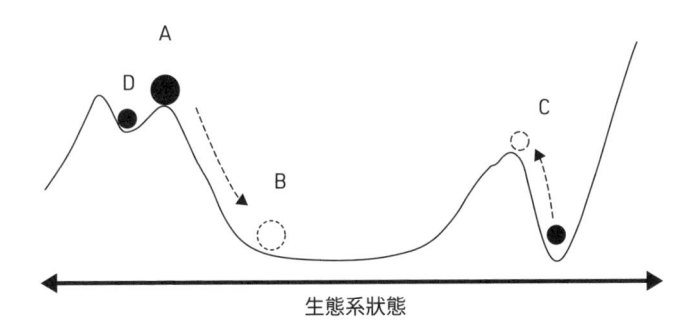

圖9｜生態系中各種狀態穩定性的圖示。山峰代表不穩定狀態，這時生態系可能很快就轉變成穩定狀態，也就是山谷。

定，峰值則代表處於不同穩定狀態之間的臨界點，也就是所謂的「臨界點」或「轉折點」。重力會導致球從斜坡滾到山谷，在這個類比中，生態回饋過程取代了重力，推動生態系進入更穩定的狀態。透過這個類比，我們可以想像讓圖9中的球從某種狀態（例如 C）推入另一種狀態（B）所需的「努力」。

為了達到穩定狀態，生態系改變的幅度要夠大，推動的力道要夠強，才能把球帶出山谷並且抵達頂峰，那是一個轉折點，一旦生態系跨越該門檻，毋須進一步輸入，就能過渡到新的狀態。

有家庭菜園的人應該都熟悉生態系狀態的概念。菜園是一個小型生態系，種植者試圖將其保持在特定的狀態，也就是讓水果和蔬菜產量達到最高。為了達成這個目標，種植者幾乎總是在干預生態系的動態；他們除去才剛冒出頭的雜草，也許還噴灑殺蟲劑，並用柵欄把菜園圍起來，以阻止昆蟲和其他動物吃掉蔬菜。由於讓蔬菜生長速度維持最高，生態系本身就處於一種不穩定狀態，因此在我們的類比中，種植者努力把球維持在斜坡上。如果種植者停止干預，哪怕是只有一天，那一小塊土地的生態系自然會開始轉向更穩定的狀態。蔬菜可能仍然會生長，但是產量幾乎肯定會降低，因為其他植物會排擠蔬菜，野生動物也會去吃蔬菜。

　　生態系也可以存在於局部穩定但整體不穩定的狀態。假設圖9中位置B的狀態代表原始森林，寬闊的山谷代表了具有相似穩定狀態組成的連續體，生態系因為植物和動物群聚隨著長時間的環境週期而興盛衰落。現在我們想像一次重大的干擾事件，也許是百年一遇的野火，把生態系朝位置A這個新的狀態推動。如果火災不夠嚴重，球向A位置移動時只到達了斜坡的一半，生態

系自然會回到B位置的穩定谷底。也就是說，森林將會再生。但是千年一遇的火災也許會非常嚴重，以至於殺死了許多或全部老樹和蘊藏的種子，那麼生態系可能會被推過A這個轉折點，迅速降落到D的位置。這種新的局部穩定狀態可能被描述為灌木叢生態，其中灌木和其他覆蓋地面的小型植物，排除了附近構成森林高大樹木的進入。然而，由於基本的非生物條件沒有改變，這種局部穩定的狀態在整體範圍內是不穩定的，因此較小的干擾事件，或是非原生種的引入，可能會把生態系推出這個穩定的小山谷，也許朝著B的位置去，也或許距離原來的位置更遠了。

　　生態系中非生物或生物特性的變化，將推動生態系進入新的狀態。在我們的類比中，改變物種的組成或物種個體數量，類似把球輕輕朝左或是朝右推動。如果是在深山谷中，則需要比在淺山谷中更多的力量才能把球推上山，達到另一個穩定狀態。同樣的，一個有彈性的生態系需要其中的物種組成發生更大的變化，才會轉變成不同的狀態。系統的非生物面，如降雨量、可用的氮元素量，甚至生態系的地形，都會影響穩定性曲線本身

的形狀（圖10）。舉例來說，降雨模式的變化可能會使得先前的穩定狀態變得不穩定，導致生態系轉變為新的穩定狀態，而這個新狀態可能曾經是不穩定的。

非生物和生物變化顯然不是孤立發生的，這兩類之間存在持續的正回饋過程和負回饋過程。改變物理特性會改變生態系中物種的組成，因為物理特性會影響生物可用的生態棲位空間。但是物種組成的變化，也會影響生態系的物理特性。回想一下大冞草會影響河岸的穩定性，排擠掉原生種。生態系的複雜性和動態變化代表

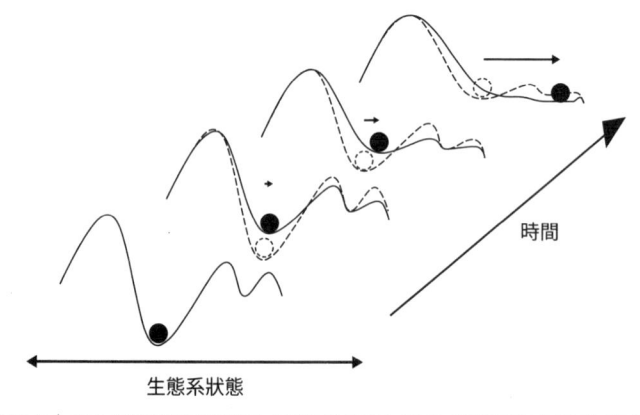

圖10｜當生態系的物理特性（例如降雨量或是可用的氮元素量）改變時，生態系狀態的穩定性也會跟著改變。

了非原生種的引入會開始改變生態系的狀態。許多生態系具有足夠的彈性，非原生種的存在（至少在最初）不會改變生態系的狀態。但當引入的物種族群密度高的時候，導致生態系過渡到新狀態的可能性就更大。

以北美河狸為例，牠們在一九四〇年代因毛皮產業而引入南美洲的火地島，目前在當地的數量已達數十萬，有關當局正在努力移除，因為牠們嚴重影響了原生濕地生態系。火地島的許多樹種在遭到河狸啃咬後不容易重新生長，這使得有些原始森林的土地變得貧瘠。由於水和養分循環受到河狸築壩的影響，生態系的穩定性曲線也改變了。隨著新的生態棲位出現，許多非原生植物成功的在該地區扎根，這增加了壓力，並把生態系推向新的狀態，更進一步遠離了之前的狀態。儘管人們正在努力讓火地島的濕地恢復成原來的樣子，但可能不切實際，甚至不可能成功。

雙穩態

從前述球和山的類比來看，如果一個生態系可以

從一種狀態轉變為另一種狀態,那麼肯定也可以轉變回來,或是用更專業的語言來說,生態系的狀態是連續的。生態系狀態當然可以是連續的。圖11-a為一組連續生態系狀態的函數,其變數是環境。我們在這裡使用的例子是淺淡水湖中水的透明度與養分載量的函數關係。當養分載量比較低時,湖水是清澈的,但是隨著養分載量增加,生態系達到轉折點1並迅速轉變為新的穩定狀態,也就是湖水透明度較低的狀態。由於這是一組

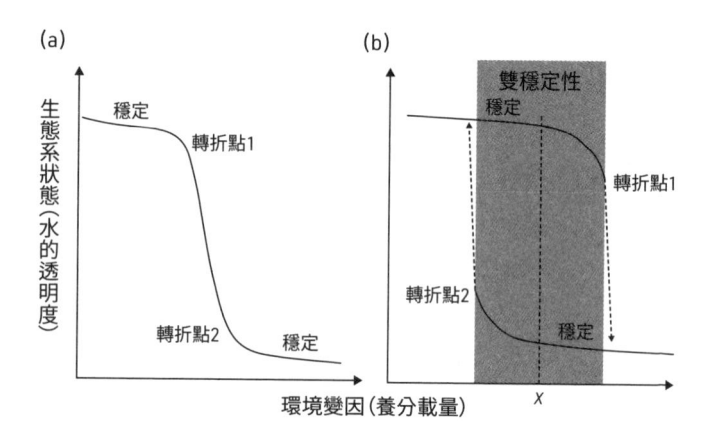

圖11 | 生態系狀況可以連續改變(a),或是不連續的改變(b),其中的差異造成了生態系的兩種穩定狀態。

連續的生態系狀態，因此反向轉變也有可能發生。隨著養分載量的減少，湖水自然會抵達轉折點2，並迅速從較差的水質轉變為良好的水質。

另一方面，生態系可以不連續轉變，如圖11-b所示。在這種狀況中，水的透明度從高到低的轉變，與從低到高的轉變，是在不同的環境變數層級上突然發生的，這種情況稱為「遲滯現象」（hysteresis）。這使得在某個數值範圍內的環境變數，可以讓生態系處於兩種穩定狀態之一，即雙穩態區域。舉例來說，如果系統的養分載量為圖11-b中的X，則湖水的透明度可能高也可能低，實際上取決於系統最近過渡時經過的轉折點。

理論上，當達到某個重要的環境變數通過適當的轉折點時，雙穩態生態系應該在其狀態之間轉變。但是實際上這種轉變可能不會發生，導致的結果就是通常所說的生態系崩潰。依然以淺淡水湖為例，隨著養分濃度的增加，生態系可能會從水質良好的狀態轉變為水質不良狀態。但是，如果圖11-b中的轉折點2位於生物學上不可能出現的營養濃度上，那麼反向轉變便不會自然發生（至少不會在重要的社會環境時間尺度上發生）。在這種

情況下，生態系恢復水質透明度狀態的唯一方法是藉由外部干預，通常是由土地管理者進行的生態系恢復工作。

入侵種對雙穩態系統的影響，使得上述的動態變化更得為複雜。在一項關於入侵種對淺淡水湖泊影響的整體後設分析中，山姆・雷諾茲（Sam A. Reynolds）和大衛・奧德里奇（David C. Aldridge）發現，入侵魚類和入侵甲殼類動物可能導致生態系早期崩潰，並且延遲甚至阻礙恢復。這種情況是因為入侵魚類和甲殼類動物對水生植物密度、養分濃度和浮游植物造成了影響，這些全都會以各種方式影響水的透明度。由此產生的效應是雙穩態區域和相關轉折點朝著較低養分濃度移動（圖12-a）。在某些情況下，圖12-a中的X濃度代表了生物學上可能出現的最低養分濃度，那麼有入侵魚類和甲殼類動物時，可能無法自然的抵達轉折點2。

另一方面，圖12-b顯示了入侵貝類引起的轉折點的變化。由於貝類進食時會過濾水，因此能直接減少浮游植物數量，並且提高水的透明度。這項結果似乎是有利的，事實上在衰退的生態系中，貝類促進了早期恢復，但除了入侵軟體動物對其他物種的影響之外，還有

第七章｜生態系的各種狀態

另一個缺點：掩蓋了優養化的影響。如果湖泊中的養分濃度由於農業逕流而增加，假設達到圖12-b中Y的濃度，那麼入侵的貝類可能會使得生態系看起來狀況良好，然而在這時候移除入侵的貝類，會導致生態系的水透明度變得較低，並且還讓轉折點2移動回原來的濃度，使得恢復更加困難。

其他生態系中也可觀察到雙穩定性，或實際上是多穩定性，例如沙漠中的草原。雖然這些生態系提供了不

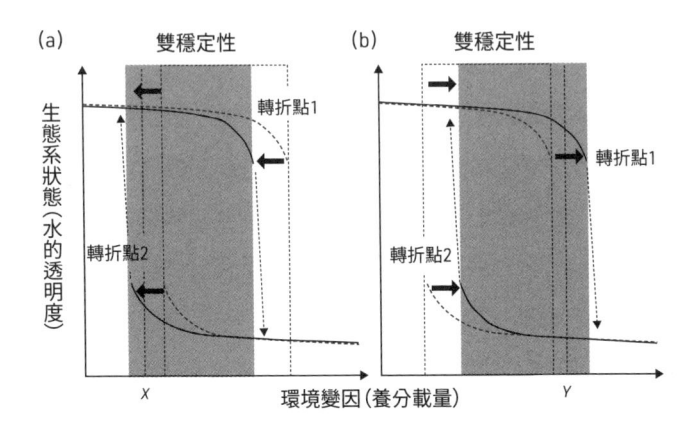

圖12｜入侵種能夠讓雙穩定態生態系中的轉折點移動，使得生態系（a）更有可能崩潰並且延遲恢復，或者是讓崩潰延遲並且提早恢復（b）。

117

同的例子，但相似的過程和複雜的動態變化正在發揮作用：生態系的狀態變化有一定的範圍，從一種狀態轉變到另一種狀態的過程，可能是不可逆的。在非生物和生物群聚有悠久演化歷史的地區，生態系有足夠的時間進入穩定狀態。這種狀態的轉變通常很慢，因為環境條件和週期通常改變得也很慢。快速轉變會發生，通常是由相當大的擾動（例如劇烈風暴或火災事件）所引起的。

非原生種打破了這種平衡，改變了動態變化，放大了一些回饋過程並抑制了其他過程。生態系的反應是「尋找」新的穩定狀態。如果生態系具有足夠的彈性或非原生種的影響很小，那麼新的狀態可能與原始狀態相近。事實上，朗布耶森林的袋鼠尚未帶來重大改變。但很明顯，一些生態系受到的影響要大得多，或者已經因為人類造成的其他影響而受到壓力。因此，非原生種的加入足以劇烈影響生態系，就像黑海因為櫛水母的入侵導致了一項重要產業的崩潰。非原生種引起的生態交互關係是顯而易見的，像是蘋果皮上由果實蠅感染造成的棕色斑點，但入侵種對生態系整體狀態的影響，將使得蘋果的核心腐爛。

第八章

不良影響

前兩章探究了入侵種如何造成不良影響：經由與非生物和生物環境的生態交互關係，最終影響了生態系的狀態。這一章會仔細研究那些不良影響是什麼，並說明為什麼是不良的，儘管許多案例顯然就是不良。本章會將不良影響分為經濟、人類健康和福祉以及環境衝擊。這些分類有助於了解如何衡量影響，以及在確認是否產生不良時，認知不同價值所發揮的作用。

經濟影響

入侵種影響的類型通常被歸類為經濟影響，從顯而易見的影響（例如農業和農作物產量減少，或是基礎設

施和財產的損失），到更抽象的影響（機會喪失或是生態系服務損失）。我們不需要花太多時間在明顯的例子上，之前已經提到入侵昆蟲，特別是果實蠅，會降低農作物產量。許多讀者都熟悉入侵種會損害財產。台灣家白蟻（*Coptotermes formosanus*）是中國南方特有的白蟻，已經引入到幾乎世界各地，光是在美國，白蟻每年就對房屋和其他木質結構造成超過十億美元的損失。但是這裡值得簡單扼要的研究一下，看似純粹的環境衝擊為何可能也是重大的經濟影響。

「生態系服務」是人類社會位於正常運作的生態系之中或在其附近時，「免費」獲得的事物。那些服務包括生產、調節，甚至是具有重要文化意義的服務。生產服務是指生態系產生的食物、纖維和燃料，例如從自然再生的森林中選擇砍伐某些樹木以生產紙製品和建築材料。調節服務是指調節環境的過程，例如植物的碳捕集和儲存、水的收集和淨化，以及氮和磷等農業重要營養元素的保留和緩慢釋放。文化服務包括自然對人類社會的各種益處，可能是有形的娛樂活動，例如水肺潛水員使用珊瑚礁系統，也可能是無形的，例如幸福感、精神

靈感，或是從生態系中獲得的文化遺產。

儘管生態系服務是由生態系「免費」提供的，但是對於人類社會的經濟價值仍然是可以估計的。過去二十年來環境經濟學方法上的進步，讓科學家對生態系服務的總價值和特定生物群聚的服務價值，進行了許多估算。羅伯特・柯斯坦沙（Robert Costanza）和同事估計，二〇一一年全球生態系服務總額每年價值一百二十五兆至一百四十五兆美元，比當時所有國家的國內生產毛額總和多出約三成。考慮到這個數字之龐大，或許可以在魯道夫・德葛魯特（Rudolf de Groot）及同事的估計中，找到更清楚的數字。他們檢閱了三百多篇論文，發現不同生物群系的生態系服務總價值各不相同：陸地生物群系中，林地平均每年每公頃為一千五百八十八美元，熱帶森林每年每公頃為五千兩百六十四美元，而水生生物群系的價值範圍從公海的每年每公頃四百九十一美元，到珊瑚礁每年每公頃三十五萬兩千九百一十五美元。

那麼，生態系服務的價值與入侵種對於經濟的影響有什麼關聯？生態系所提供的服務取決於它本身的狀態。正如在前一章中所提到的，入侵種可能導致生態系

在不同狀態之間轉變,這代表了生態系所提供的服務也可能會改變。由於生態系提供了許多種類的服務,任何入侵種當然不可能導致生態系對於經濟的服務全部都消失。儘管如此,光是一個入侵種就可能對單一生態系服務造成相當大的經濟損失。

讓我們來看看一個具體的例子,看入侵種對於生態系服務所造成的經濟影響:水的透明度。曼多塔湖位於美國威斯康辛州首府麥迪遜附近,面積約為四十平方公里。由於當地農業的肥料逕流,湖水的水質經常很差。你可能還記得,含有養分的逕流會刺激藻類生長。然而,湖中的本土種水蚤(*Daphnia pulicaria*)會以藻類為食,牠們的數量曾經非常多,使得曼多塔湖每年春季湖水會變得清澈,對於當地社區提供了很高的娛樂價值。二〇〇九年,湖中出現了入侵種長柱尾突蚤(*Bythotrephes longimanus*),屬於掠食性物種,讓湖中的原生水蚤數量減少了約六成,導致藻類增加,整年湖水澄清的程度大幅下降。傑克・沃許(Jake Walsh)和同事利用二〇一六年的調查數據估計,失去湖水清澈狀態會給當地社區帶來約一億四千萬美元的損失,換算成每戶約六百五十美元。

第八章｜不良影響

　　入侵種對於經濟的影響可以金錢來衡量與表示，因此這類影響的嚴重性和規模，可能是三種類別中最容易理解的。以金錢表示影響，也可以幫助我們辨識出為何這類影響是不良的。一些估計值指出了入侵種造成的總體經濟損失，包括農作物產量減少等直接損失，以及生態系服務改變帶來的間接損失。在美國，這項估計每年在一千億到兩千億美元之間；瑪麗安‧肯圖南（Marianne Kettunen）和同事估計，二〇〇九年歐洲每年的損失為一百二十五億歐元（約一百五十億美元），現在很可能更高；入侵種每年造成澳洲經濟約一百億澳元（約七十三億美元）的損失。二〇二一年，克里斯多夫‧迪亞涅和同事發現，一九七〇年至二〇一七年間，入侵種造成的全球總損失達一兆兩千八百八十億美元。他們也指出，這個數字嚴重低估了真實成本，隨著更多入侵種經由上述的途徑出現，損失的規模越來越大。這些損失其實是社會的無形稅收，可以當作是不良的吧？

人類健康和福祉

入侵種以許多種方式影響人類健康和福祉,波及的範圍非常廣,從常見的入侵植物豬草(*Ambrosia artemisiifolia*)的大量花粉引發過敏,到大豕草造成接觸性皮膚炎、因農作物損失而遭受經濟損失導致農民心理痛苦,還有受到入侵種火蟻(*Solenopsis spp.*)叮咬而住院等等。人類健康受到影響的原因可能是新棲地中的入侵種不為人們熟知,因此也就不知道要避免接觸。

舉例來說,凶兔頭魨(*Lagocephalus sceleratus*)是河豚科中具有潛在致命毒性的物種,原生於印度洋與太平洋,包括紅海,二〇〇三年在穿越蘇伊士運河後,首次在土耳其附近的地中海海域被記錄到。凶兔頭魨的數量隨後增加,不久之後地中海地區發生了第一起人類河豚毒中毒事件。二〇〇八年十二月,以色列毒物資訊中心記錄了十三起河豚毒素中毒案件,黎巴嫩至少有七人因食用到河豚毒素而死亡。二〇一一年土耳其的一項調查發現,儘管這種河豚有在市場上出售,大多數露天海鮮攤位的顧客都不認識牠,也不知道牠有毒。出於這種風

險,土耳其食品、農業和畜牧部於二〇一二年禁止捕撈這種魚,不過在地中海的入侵族群依然存在。

入侵種對人類健康造成最嚴重的影響,是帶來傳染病和寄生蟲。世界衛生組織把傳染病列為全球人類死亡的主要原因之一,入侵種不僅會增加某個地區的人類疾病的種類數,還會增加人們受到感染的機率。人畜共通傳染病(可以從非人類動物傳染給人類的疾病)是入侵種引入所引起的問題中特別嚴重的,浣熊和蛔蟲就證明了這一點。

浣熊於二十世紀初引入歐洲,用於毛皮貿易和當成狩獵的獵物,之後便與許多其他有意引入的哺乳動物一樣,逃脫了圈養,建立了非原生的入侵族群。進口者在引入浣熊時,無意間受到浣熊體內都有的浣熊貝利斯蛔蟲(*Baylisascariasis procyonis*)所感染。這種寄生蟲在浣熊的腸道內生活和繁殖,卵會隨著浣熊糞便排出。在土壤中停留兩到四個星期後,蛔蟲就會變得具有感染能力,並且可以重新進入浣熊或任何食草動物體內,最終回到腸道重新開始一輪生活史。然而非浣熊動物一旦攝入這種入侵寄生蟲,浣熊貝利斯蛔蟲就會穿透腸壁並轉移到

其他組織，特別是腦部和眼睛。雖然浣熊貝利斯蛔蟲對人類健康造成嚴重影響的情況很少見，但有報告的病例中出現了影響視覺的神經視網膜炎（眼睛組織腫脹），還有腦膜炎與腦炎（腦部和組織腫脹），後兩者會導致神經系統的問題和死亡。

體外寄生蟲，例如跳蚤、蜱蟲和蟎蟲，本質上是生活在體外的寄生蟲，而不是像體內寄生蟲那樣生活在身體之內，牠們也經常與入侵動物一起引入，傳遞一些惡名昭彰的人類疾病，例如斑疹傷寒、萊姆病和黑死病。西尼羅河病毒在北美洲的興起，能提供入侵種傳播傳染病的詳盡紀錄。

西尼羅河病毒是黃病毒屬（*Flavivirus*）的單股RNA病毒，與登革熱病毒、黃熱病病毒和茲卡病毒同屬，於一九三七年首度在烏干達發現。此後，非洲熱帶地區、南亞和澳洲北部的大部分地區零星爆發出疫情。一九九九年，西尼羅河病毒在美國紐約市現身，很可能是與其主要的病媒尖音家蚊（*Culex pipiens*）和熱帶家蚊（*Culex quinquefasciatus*）一起引入的，這兩種蚊子似乎是搭上從以色列出發的貨物抵達紐約。四年之內，病毒就席捲了

北美洲。一九九九年至二〇一〇年間，有近兩百萬人感染，導致約三十六萬人發病和一千三百零八人死亡。美國疾病防制中心估計，到二〇一四年，西尼羅河病毒造成美國七億七千八百萬美元的長期醫療支出和生活生產力損失。目前，西尼羅河病毒是美國本土頭號的蚊子傳播疾病。

對人類健康和福祉的影響通常以經濟術語來表示。柯瑞・布拉德肖（Corey Bradshaw）和同事估計，全球每年因入侵種昆蟲造成的損失約為七百七十億美元，其中至少七百億美元是與商品和服務相關的損失，約七十億美元與人類的健康有關。雖然用錢計算有助於確定某些入侵種影響的程度，但重要的是要記住，金錢本身並不能全面反映出對於人類健康和福祉的影響。某些損失根本不可能用錢來衡量。

要了解單一個入侵種對人類健康的影響，是如何超出了經濟上可追蹤的範圍，讓我們再回頭看看白蠟瘦吉丁蟲，顧名思義，牠會影響白蠟樹（梣屬〔*Fraxinus*〕物種）。美國森林中有將近九十億株白蠟樹，其中一些用於製造弓、棒球棒、工具到桌子等各種用品。一九三〇

年代，由於荷蘭榆樹病的入侵，美國榆樹枯死後，賓州白蠟樹就當成城市行道樹而到處栽種。白蠟樹除了提供物質資源外，與其他城市樹木一樣，也可以遮蔭、減少空氣汙染、控制雨水和儲存碳，這些對於城市居民來說，都是重要的生態系服務。

當白蠟瘦吉丁蟲數量足夠多時，通常會消滅一個地區幾乎所有的白蠟樹和白蠟樹提供的服務。從經濟角度來看，一個城市更換街道上白蠟樹的成本，通常在十億至四十億美元之間。白蠟樹森林能為房主提供景觀和娛樂價值，少了白蠟樹之後，房屋的售價和吸引力會下降，並且與犯罪率增加1-2%有關。由於城市森林可以減緩周圍居民的壓力，鼓勵身體活動，改善空氣品質，這全都與心血管和呼吸系統健康有關，入侵的白蠟瘦吉丁蟲自然會減少那些好處。正如傑佛瑞・唐納文（Geoffrey Donovan）和同事發現的，這個結果在死亡率數據中得到了令人哀傷的證據。他們調查了美國十五個州，確定超過兩萬一千個心血管和下呼吸道疾病造成的死亡病例，與白蠟瘦吉丁蟲入侵導致城市地區原生白蠟樹林的喪失有關。

第八章｜不良影響

　　入侵種不只影響到個人的生活，因為白蠟瘦吉丁蟲也會衝擊到文化。許多美洲原住民的傳統與黑白蠟木（*Fraxinus nigra*）之間有深厚的關聯。舉例來說，美國緬因州的瓦班納基人部落，以及分布在美國紐約和加拿大安大略省的聖瑞吉斯‧莫霍克部落，因為以黑白蠟木用於編織籃子和靈性教育，與黑白蠟木有著深厚的文化聯繫。儘管白蠟瘦吉丁蟲尚未蔓延到這些部落運用的大多數森林，但少數遭受侵擾的地區報告反映，白蠟瘦吉丁蟲到達後，損失了很多黑白蠟木，幾乎沒有樹木重新生長。黑白蠟木的消失使得與這些樹木有聯繫的部落更難以延續文化傳統，無論是在文化藝品的創作還是部落故事的傳播。這種影響的規模和意義很難用經濟術語來描述，或許也不該嘗試用經濟語彙來描述。

環境影響

　　入侵種造成的影響中，與經濟或人類健康不直接相關的，都屬於環境衝擊，主要的例子包括原生種族群縮小、整個物種的完全消失，或是生態系狀態產生的轉

變。二〇一六年,提姆・杜爾帝(Tim Doherty)和同事研究了入侵性哺乳動物掠食者的影響,發現與公元一五〇〇年以來十種爬行動物、四十五種哺乳動物和八十七種鳥類的滅絕有關,占了全球脊椎動物群體滅絕事件的58%。同年,席琳・貝拉德(Celine Bellard)和同事發現,對於四分之一的受威脅和瀕臨滅絕的兩棲動物和鳥類、18%的爬行動物和15%的哺乳動物而言,入侵種是主要的威脅。因此,入侵種很可能會在未來造成其他物種的滅絕。

　　這些例子顯然是對環境的衝擊,但是屬於不良的嗎?當衝擊直接影響我們時,得出「屬於不良影響」的結論,似乎不言自明。如果有人認為農產量的損失或花費數十億美元用於治療和預防與入侵種有關的人類疾病並非「不良影響」,幾乎不可能站得住腳。這是因為許多人(尤其是在西方文化中長大的人)認為,人類中心主義是理所當然的。這種以人類為核心的觀點,首要關注的是人類和對人類的影響。但生態交互關係和滅絕是自物種存在以來就一直發生的自然過程。正因為如此,環境衝擊的不良程度可能不會那麼明顯。

第八章｜不良影響

讓我們看一個具體的例子：碩繡眼鳥（*Zosterops strenuus*）的滅絕。那是一種身長約七到八公分的綠色鳥類，為澳洲外海的豪勳爵島的特有種。碩繡眼鳥原本很常見，直到一九一八年一艘船擱淺，無意中將黑鼠引入島上，一九二〇年代中期，碩繡眼鳥便滅絕了。對居住在豪勳爵島上的少數人來說，這種鳥沒有提供什麼經濟價值，或是對人類健康有顯著的價值，而且外型上不是特別美麗，只是分布在非洲熱帶地區、東南亞和澳洲的一百多種繡眼鳥屬（*Zosterops*）的鳥類之一。那是一個不良影響嗎？當然，鳥類愛好者會大力贊成，而且我們的道德直覺可能會讓我們同意，但我們有什麼理由可以說，豪勳爵島有碩繡眼鳥存在而沒有黑鼠，會比沒有碩繡眼鳥而有黑鼠更好？

詳細說明這些問題的答案，屬於環境倫理學的範疇。儘管環境倫理學建立在道德哲學和價值論的基礎之上，前兩者發展的歷史都有數千年，相較之下環境倫理學是很年輕的學科，隨著二十世紀的環境運動而發展出來。如果我們用一個問題來總結該領域所關注的內容，那就是：道德主體（特別是人類）對非人類領域如果有

責任和義務的話,那會是什麼?概述該領域的完整內容超出了本書的範圍。相反的,我們會探討一些論點和哲學基礎,這些論點通常用於支持入侵種造成的環境衝擊是不良的這個主張。

當聲稱影響是不良的時,是意有所指的聲明某種價值。因此區分環境倫理學中眾多立場的最基本和最重要的差異,在於非人類實體所擁有的價值類型。這裡所說的「價值類型」,是指某實體是否具備了「工具性」或「非工具性」(以下稱為「本質性」)價值。如果某實體主要是透過工具性來評估的,那麼就說其價值來自於為我們提供的用途或利益,通常描述成能提供**達成某個目的的手段**。如果說某實體的本質就具有價值,那麼其價值不在於為我們提供任何的工具價值,而是本身就具有價值,通常描述成其**本身就是目的**。一個特定物體的本質性和工具性都受到重視,但賦予或視為最重要的價值類型,取決於個人的道德立場。除此之外,即使兩個人可能就入侵種影響的不良性得出相同的結論,但得出這些結論的原因可能不同,並且具有不同的含義。

傳統上,我們對非人類環境的道德義務出自於人類

中心典範,其中只有人類具備本質性價值,或是人類價值要遠遠超過非人類價值,並且非人類事物主要只有工具性價值。正是這種價值,支撐了我們在之前所描述的——入侵種對經濟和大多數人類健康的影響是「不良」的。然而,當考慮到對環境衝擊的不良影響,這種二元論給工具論者帶來了一個明顯的問題。當沒有明顯影響到人類時,要基於什麼理由認為入侵種對環境造成的衝擊是不良的?事實上,許多基於工具價值的論點確實得到結論:入侵種對環境的影響是不良的。一個獲得公眾和政治廣泛支持的思路,出自於開明的人類中心主義:聲稱我們對環境的責任衍生自我們對其他人類的責任。因此,就入侵種這個狀況而言,即使沒有造成顯著的經濟或人類健康影響,入侵種對環境造成的衝擊仍然是不良的,因為人類社會和福祉依靠功能正常的生態系和能夠永續的環境。

並非所有人都認為工具論者的環境保護立場能夠讓人信服。許多環境倫理學家認為這種看法薄弱或不一致,並且試圖透過基於本質價值的論點來解決這些哲學問題。一般認為,道德主體有義務保護具有內在價值的

物體，因此一旦賦予非人類環境內在價值，那麼自然就會得出入侵種對環境造成不良衝擊的結論。然而，雖然人們普遍認為人類具有內在價值，但是要擴展到把非人類事物視為有價值卻是困難的。

把內在價值賦予非人類事物時的一個重要衝突，是內在價值應賦予到哪個生物層次。當考慮人類時，個人擁有內在價值。但是在環境倫理學中，主宰的典範是生態中心主義，生態系或物種族群的內在價值要比其組成部分（個體）的內在價值更高。在入侵種的背景下，生態中心主義者單純的認為，出於我們對於生態系的了解，入侵種的存在幾乎肯定會影響其他族群或生態系，因此對具有內在價值實體的影響是不良的。

讀到這裡，你可能會說：如果所有生物族群都具有內在價值，那麼要得出「入侵族群衝擊原生族群是不良的」結論，前提便是原生種比非原生種更有價值。你對了。內在價值的「自然史觀」認為，非人類事物因為沒有受到人類的干預和設計，而具有內在價值。也就是說，「自然本質」能讓價值提高。對於依賴人類運輸途徑而到達新棲地的入侵種來說，非原生種的族群並沒有

第八章｜不良影響

表現出這種讓價值提高的自然本質。同樣，處於更自然狀態的生態系，也比經過人類改造的生態系更有價值。事實上，即使現在有兩個在各方面都相同的生態系，但是一個是重新恢復狀況的生態系，而另一個沒有經過人類的干擾，從自然歷史的角度來看，恢復後生態系的價值會低於歷史上未受到人類干預的生態系。

有些理論家以生物中心主義來排拒生態中心主義，生物中心主義認為內在價值存在於個體而非群體。生物中心主義者可能會聲稱，生態中心主義的問題在於生態系或族群的價值，是非人類物種個體所具備價值的副產品。其次，生態中心主義在邏輯上有矛盾。如果我們重視人類個體，為什麼我們只重視黑猩猩的族群而不是個體？在管理入侵種的狀況中，這種從族群到個體的微妙轉變，可能會導致各立場之間出現無法調和的差異，特別是要殺死入侵種以控制其影響的情況下。對於生態中心論者來說，生態系的自然本質就有價值，因此對生態系造成明顯衝擊的入侵種必須清除。對於生物中心論者來說，儘管也承認入侵種對環境的影響，但殺死入侵種個體以減少衝擊，通常是不可接受的，他們認為應該尋

求替代的管理解決方案。

現在讓我們回到豪勳爵島的碩繡眼鳥,以及為何黑鼠導致碩繡眼鳥的滅絕可能會認為是不良的。開明的人類中心論者把論點建立在工具價值之上,他們可能會說,碩繡眼鳥的消失代表人類原本可得經驗的喪失,而引入黑鼠並無法加以取代。生態中心主義者很可能認為,碩繡眼鳥尤其是作為一種特有物種,比在許多地區很常見的黑鼠具有更大的本質價值,因此牠的消失使世界變得更為貧瘠。生物中心論者可能會同意生態中心論者的觀點,但是可能不會容忍消滅黑鼠所需的捕殺管理方式。

在本書的開頭,我們把入侵種定義為非原生族群,這些族群不是擴散到其最初引入的地區之外,便是造成了不良影響。當時我們只能指出社會價值觀是讓我們認為這種影響是不良的原因。現在從前兩章的內容,我們已經了解了入侵種如何造成這些影響,又在本章中探討了無論是經濟影響、人類健康相關影響還是環境影響,「為什麼不良影響是不良的」哲學原理。儘管數據很清楚:入侵種可能對其他物種和生態系產生重大負面影

響，但是由於哲學立場的差異，並非所有讀者都會同意入侵種的重要性或所構成的威脅。儘管如此，從公眾到政治人士，大多數人都認為入侵種有不良衝擊的論點足以令人信服，值得採取行動。

第九章

一分預防勝於十分治療

　　幾年前,我(達斯汀・維爾伯恩)從澳洲雪梨前往兩千五百公里外的南太平洋島國萬那杜。當天,我很早就醒了,為四個小時的飛行準備了一些零食,然後就像許多人時不時會犯的那樣,很快就忘記了這件事。在降落到萬那杜時,機組人員遞給我一張快速通關的入境卡,上面註明我沒有攜帶違禁物品,但是我忘記了背包裡面有兩根香蕉。即使是非常大的告示牌,上面有壓上紅圈和斜槓構成的禁止標誌的水果圖案,也沒有讓我想起這件事。我辦理了入境和檢疫手續,交出了文件,然後走到陽光下。在這個全然天真和心不在焉的時刻,我無意間突破了管理入侵種的第一道防線,而這使得萬那杜的農業和環境處於風險中。

　　管理入侵種或可能成為入侵種的物種,是面對不

良影響的合理反應。大多數政府採用的管理策略大致針對在本書中探討的入侵過程：運輸和引入、建立族群，以及傳播，並且以預防和根除、圍堵以及資源保護（圖13）。值得注意的是，隨著入侵種數量的增加和分布範圍的擴大，管理行動的成本也會增加。但是管理資源是有限的，這導致了政府得維持用於特定管理策略的努力和資源的平衡。

非原生種出現在新的棲地之前，能禦敵於境外，是最基本也是成本最低的管理選項。這一結果是政府生物

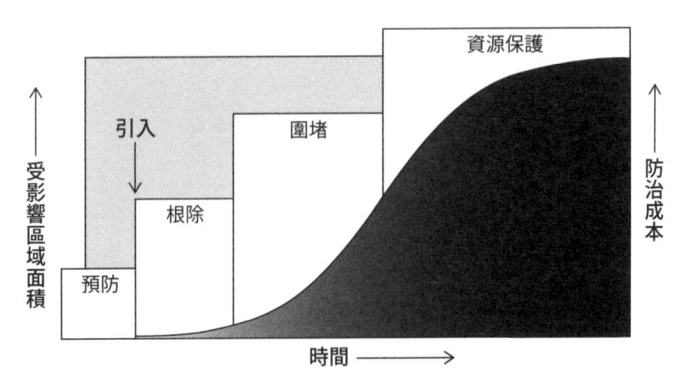

圖13｜入侵種管理曲線指出了非本土物種占領的區域、相關的管制成本，以及可用管理選項的變化。

安全計畫的目標,並且只有在新生的非原生族群建立之前才有可能達成。一旦族群建立起來,假設族群規模尚小而且分布面積小,就有機會消滅新生族群,這是早期偵測和快速反應計畫還來得及處理的時刻。然而,一旦非原生族群開始擴散出最初引入點,管理目標就會從根除轉向圍堵。如果遏止失敗,或是在發現入侵物種時牠們已經擴散得相當廣泛,管理單位就必須辨別出受入侵物種影響的關鍵資產,投入資源加以保護。以下是對這些策略的詳細探討。

生物安全

「生物安全」是指一套防禦措施,用以減少有潛在影響的非原生種被引入,並且在國家、島嶼或州內建立族群的可能性。制定有效的生物安全策略的第一步,是確定哪些物種將構成最大威脅,藉以分配有限的管理資源。畢竟,如果某個物種被引入或是建立族群後造成影響的風險很小,那麼從財務的觀點,花費數十億美元來阻止該物種入侵沒有意義。

物種會造成的威脅可以藉由風險評估工具來確定。風險評估考慮了事件發生的可能性，以及影響的嚴重程度。針對入侵種，這代表了確定某個物種透過特定途徑引入的可能性、該物種建立族群的可能性，以及可能造成損害的評估。高風險物種指的是很可能引入並建立非原生族群且又造成相當大影響的物種。風險評估能確定受評估物種的高風險和低風險引入途徑。這項工作使生物安全機構能夠適當的針對最有可能攜帶高風險物種的途徑。舉例來說，我們知道引入非原生昆蟲的最高風險途徑是為食品市場進口的新鮮水果和蔬菜，而不是寵物貿易。

風險評估在管理上有兩個基本應用。首先是提供指引，看哪些物種允許或應該允許進入管轄區，以及物種最有可能進入的途徑。有些國家採用黑名單方式，只禁止那些風險最高的物種，除非證明該物種有害，否則「無罪推定」。其他國家，例如澳洲和紐西蘭，採用白名單方法，禁止所有物種入境，只有那些風險明顯很低的物種除外。其次，利用風險評估指導後期管理政策，並與其他國家協調，共同降低入侵風險。風險評估需要

收集關於某個物種的多方面證據：該物種對各種氣候的適合程度、是否入侵了其他地區、造成影響的類型和程度，以及成功的控制措施。如果一個物種成為入侵種，以上種種都是有用的資訊。

舉一個「邊境前合作」降低風險的例子：在跨國運輸產品時，需要對包裝、棧板、板條箱和墊材中使用的木質材料進行處理，因為那些材料可能含有蛀蝕木材的昆蟲，進而影響眾多產業以及環境。透過世界貿易組織的《國際植物保護公約》，成員國要求這些包裝材料要經過熱處理，或使用適當的殺蟲劑，以殺死其中的昆蟲。執法是透過認證程序實施，如果沒有提供這些認證，成員國可以拒絕任何木質包裝材料進入國家管轄的範圍。

處理壓艙水的國際合作是另一個例子。在前面提到過，貨船和輪船在航行時使用壓艙水來保持船舶的穩定，這導致了許多物種被引入到世界各地的港口。為了降低經由這條途徑入侵的機率，國際海事組織指示，跨國航行的船舶需進行公海壓艙水交換。這項法案要求船舶用公海的水取代船舶裝卸貨物時可能在河口取得的壓

艙水。支持這項政策的生物學知識在於，大多數水生生物耐受水分鹽度和溫度的範圍很窄。能夠忍受河口比較溫暖且鹽度較低的水域的物種，通常無法在公海鹽度較高且寒冷的水域中生存，反之亦然。依照計畫在指定的水域交換壓艙水，可以大幅減少壓艙水內物種在港口河口內建立族群的風險。到目前為止的證據表明，這些法規降低了由船舶壓艙水而導致非原生種在港口周圍建立族群的速度。

這些政策和策略並非完美無缺。生物安全部門可能不會檢查某人的行李，公司和個人也可能會刻意偽造認證以滿足國際法規或不申報包裹內容，阻礙了生物安全工作。除此之外，在某種情況中能降低入侵風險的方式，在其他情況中並不允許。舉例來說，用殺蟲劑處理包裹可能會降低偷渡昆蟲的潛在入侵風險，但殺蟲劑可能會對人類健康產生不良影響，因此不能用於某些產品。因此，繼續尋找合適的替代方案是一項持續的挑戰。儘管如此，考慮到全球運輸的貨物數量龐大，僅透過生物安全和預防措施減少入侵風險永遠不足夠，因此有必要採取其他措施。

第九章｜一分預防勝於十分治療

早期發現和快速反應

當非原生種真的通過生物安全網後，早期檢測和快速反應策略，目的是在其族群變得太大之前，找到牠們並且消滅牠們。必須迅速採取行動，因為隨著非原生種數量的增長並擴散到更多地區，根除行動的難度和成本會迅速增加（圖13）。從社會消滅並根除大量入侵植物的紀錄來看，這並不是一個可行的策略。並非所有根除行動都會成功。一八九〇年代以來，針對一百三十種入侵節肢動物進行了六百七十二次根除行動，其中三百九十五次成功，一百一十次失敗，其餘的行動仍在進行中（圖14）。其他分類群的資料很少，但也可能呈現類似的趨勢，其中一些規模並非不大的根除行動還是失敗了。

有些根除行動失敗而其他成功的原因有很多：管理機構可能缺乏必要的資金支持足夠的行動，或者可能沒有適當的設備或人員來進行生物調查。

然而在其他條件都相同的情況下，根除行動失敗的主要原因在於，當族群規模小的時候，很難檢測到地區中的非原生種。如果沒有先檢驗出來，管理機構便不知

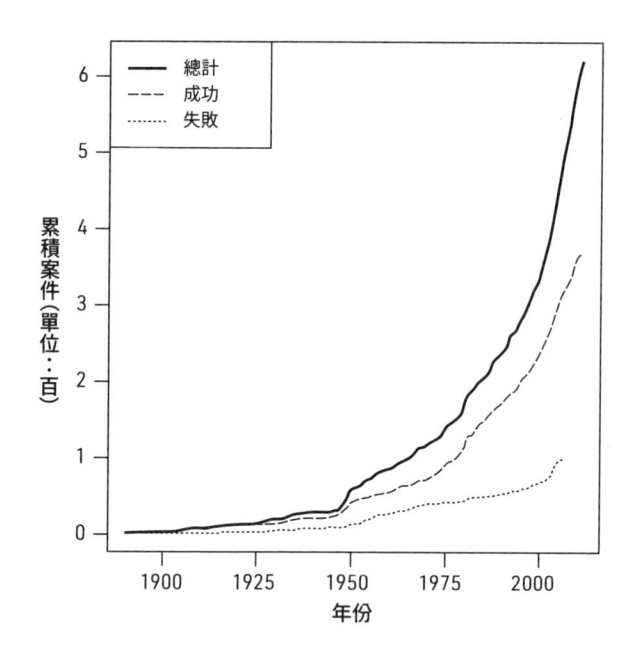

圖14｜1950年代以來開始清除節肢動物的工作成指數增長，圖中也指出了這些清除活動的成敗。

道需要進行根除活動，一旦知道有非原生種，就需要持續檢驗以進行根除。

我們檢測特定物種的能力，主要取決於可用以檢測該物種的方法。對任何特定物種的非原生族群，通常

第九章｜一分預防勝於十分治療

有多種方法可以檢測。以小型陸生蜥蜴為例來說，檢測者只需要尋找蜥蜴，或使用小型陷阱，甚至使用攝影機，在蜥蜴經過時留下紀錄。每種方法的有效程度和相關成本會有不同，例如陷阱可能每十天抓到蜥蜴一次，攝影機可能每天都會拍攝到蜥蜴。一般來說，採用敏銳的方式，有效檢測目標非原生種個體時，根除成功的可能性會增加八倍。儘管管理機構總是希望使用最有效的方法，但是實際上，有些方法受限於資源而根本無法使用，或是該技術可能不適用於特定環境。

儘管有這些限制和挑戰，但在消滅入侵種方面仍然取得了巨大的成功。其中最著名的是消滅入侵島嶼的鼠類和其他哺乳動物，並且隨後恢復海鳥族群。海鳥適合生活在海洋環境，通常位於沿海和島嶼棲地的崎嶇地區，那裡沒有天然的掠食者，往往大批成群築巢。大多數海鳥繁殖地沒有掠食者的狀況，在這幾個世紀發生了變化，全球大約九成的海鳥繁殖地引入了緬甸小鼠（*Rattus exulans*）、黑鼠和褐鼠（*Rattus norvegicus*）。由於許多海鳥在地面上築巢，不然就是在地面的洞穴中築巢，這些入侵性齧齒類會吃掉鳥蛋、幼鳥甚至成鳥，使得海鳥族

147

群遭受嚴重損失。在全世界三百六十五種海鳥中，有一百多種面臨滅絕的危險，其中甚至有些科之下的全部物種都瀕臨滅絕，入侵的掠食者大幅加劇了這種的困境。

於是，保育科學家在全球盡力消滅島嶼上的入侵鼠類和其他非原生哺乳動物，成果非凡。舉例來說，在西印度洋的特羅姆蘭島上，之前就存在的紅腳鰹鳥（Sula sula）和藍臉鰹鳥（Sula dactylatra），在消滅鼠類之後繁殖的對數增加了約23%。除此之外，白燕鷗（Gygis alba）自一八五六年以來就沒有在島上繁殖，而白腹鰹鳥（Sula leocogaster）先前則從未在島上築巢，在鼠類消滅之後，都在該島繁殖。現在我們在一百八十一個島嶼上消滅了兩百五十一種入侵哺乳動物之後，有兩百三十六種原生種生物受益，其中包括四種動物的滅絕風險降低，許多海鳥族群目前正在恢復以前的數量。

抑制入侵種擴散

當入侵種散布得更廣時，管理和政策行動將會轉向減緩散布速度，最好是能夠阻止入侵種的擴散。這些工

作用通俗的話講就是「阻止蔓延」，包括持續根除以抑制族群增長，還有公眾宣傳。公共宣傳的目標是提供公眾一套簡單的程序，如果遵循這些程序，可以降低公眾導致入侵種擴散的風險。那些程序中通常包括設立禁止工業和公眾活動的隔離區，因為活動可能會把入侵種的個體從隔離區內已建立的族群，轉移到隔離區外尚未建立族群的地區。

公眾宣傳是減緩傳播的重要工作之一，因為入侵種一旦建立起族群，人類的日常行動將會擴大該族群的範圍。以休閒划船為例。當一艘船停泊在水中、碼頭或是船塢時，總是會累積髒汙船殼的生物群聚，那些生物居住在船的底部。儘管划船的人採取各種措施限制那些生物的生長，但無法完全清除。在加拿卑詩省的一個碼頭所進行的研究發現，休閒船隻的船殼上有九種入侵種，其中包括經常使用且被認為「乾淨」的船隻。這些船在使用時，無意間成為那些入侵種到達新棲地的計程車。即使是從水中移出並從一個地區拖到另一個地區的休閒船隻，也可能成為媒介。船底汙水、誘餌井或是引擎中的水，成為了小型入侵種短途旅行時的庇護所。入侵種

長柱尾突蚤是讓美國威斯康辛州當地社區帶來經濟損失的罪魁禍首。拜遊憩划船者之助，牠的活動範圍迅速擴大到北美五大湖以外的地區。

這些比較小範圍的播遷事件，會導致衛星族群增加，加快非原生種的擴散速度。對抗這些較短程擴散事件的一項重要技術是分隔調查（圖15）。分隔調查首先以較為粗略的精確度在地區中採樣，也就是說調查點並不密集。發現入侵種時，採樣則集中在檢測到個體的周圍區域，以找到入侵種分布的「邊緣」。透過找到族群的邊緣，入侵種管理者可以更有效安排根除和處裡工作，使得對於入侵種的影響提到最高，並把對原生種的影響壓到最低。一旦採取處理措施，高密度的調查繼續持續，以確保成功消除或至少減少入侵種的數量，最後阻止或是減緩入侵種的擴散。

資產保護

在許多情況下，入侵種的族群已經根深柢固，擴散範圍非常廣，以至於減緩其發展速度可能會耗盡管理機

第九章｜一分預防勝於十分治療

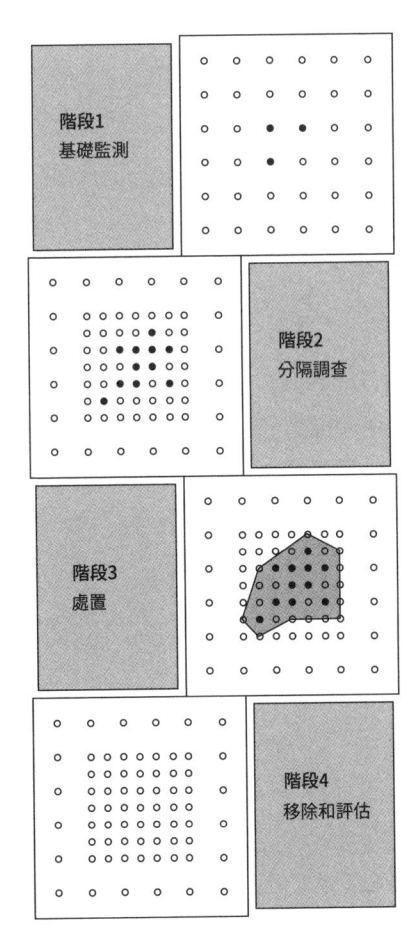

圖15｜分隔調查的概念是以划算的方式找到並且抑制入侵種的衛星族群。

構的資源。在這種情況下，相關的政策和管理方向會轉向資產保護。這種情況的資產包括了：可能瀕臨滅絕的某一原生種（如在海鳥的例子所見）、保持自然狀態的整個生態系（例如佛羅里達州大沼澤），或是用於林業和農業的生態系。要保護的資產可能還包括由入侵種帶來負面影響的人類健康或基礎設施。此類計畫的目標不是消滅入侵種甚至衛星族群，而是減少入侵種的數量，以盡量減少對資產的影響。

　　資產保護的一個主要挑戰是，雖然我們知道減少入侵種的個體數量會降低其影響力，但這種關係很少是線性的，如圖16中的c線所呈現的那般。相反的，有證據表明這種關係通常是高度非線性的，如圖16中「影響－數量相關曲線」所示。有時這種關係對我們有利，例如在d線中，物種數量小幅下降會大幅削弱影響，有時則不然，如a線中，數量要減少80%才能削弱影響。絕大多數經驗證據顯示，相同的入侵種可以呈現出不同的關係曲線，這取決於影響本身以及測量時的生態系狀況。

　　對各種入侵種和各地區的影響－數量關係曲線的研究才剛開始，因此還不清楚某一類關係是否比另一類關

第九章｜一分預防勝於十分治療

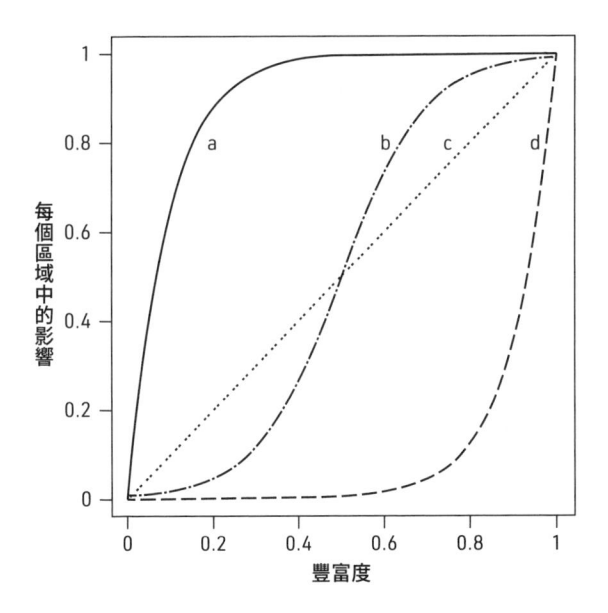

圖16｜數量（其中1為目前數量，0為根除）與生態或社會經濟影響（以每個區域大小計算，其中1為最大影響，0為沒有影響）之間可能存在的關係。

係更常見。大多數資產保護工作只是假設入侵種的個體越少越好，原則上這雖然是正確的，但是不一定能讓資源有效的發揮作用。在實務上，通常的優先排序，是根據受影響資產的相對價值進行排名，並優先投入資源於

那些能引起公眾關注的資產。關於入侵種的數量和影響之間的關係還有很多要研究的，管理者可以引用研究的結果，依循證據下決定，以最佳方式排定優先順序、開展資產保護的工作。

用於抑制入侵種入侵有價值資產的方法，與根除入侵種使用的方法相似：除去生物個體、改變棲地以不合適入侵種，以及使用化學或其他方法就地殺死生物體，包括故意釋放「天敵」物種。生物防治包括識別入侵種的生態敵人（通常也是非原生種），並釋放到入侵種已經建立的非原生族群的區域中。從歷史上看，由於沒有好好審查敵對物種，使得這種方法引入了一些造成巨大危害的入侵種：澳洲的海蟾蜍（*Rhinella marinus*）、夏威夷的紅頰獴（*Herpestes javanicus*），以及歐洲的異色瓢蟲（*Harmonia axyridis*）等，都是一些著名的例子。不過現代生物防治工作受到密切的監管，必須滿足嚴格的要求，以確保只有目標入侵種受到影響，才會釋放出敵對物種。如果實施得當，這類計畫會非常成功。與對照組相比，生物防治法平均使入侵植物生物量減少82%，使影響作物的入侵昆蟲數量減少130%。

第九章｜一分預防勝於十分治療

　　與「阻止擴散」思路類似的資產保護方式，包括公民科學或公民參與計畫，以幫助發現和抑制入侵種。美國佛羅里達州的對抗魔鬼蓑鮋入侵計畫，或是澳洲減少海蟾蜍數量的計畫，都屬於比賽性計畫，看誰捉到最多或是最大的入侵種個體，然後頒獎（圖17）。這些活動具有兩個目的，一個是讓組織者有機會向大眾強調入侵種管理和政策的重要性，同時減少重要入侵種的數量。這類活動對於保護有價值資產的效用有多高，目前還不

圖17｜珊瑚礁環境教育基金會（REEF.org）在美國佛羅里達州沿海城市舉辦的魔鬼蓑鮋捕捉大賽的廣告。魔鬼蓑鮋捕捉大賽讓大眾知道入侵種現況，特別是關於魔鬼蓑鮋。組織者籌辦活動，並在活動當天為捕獲魔鬼蓑鮋的人提供獎品，鼓勵大眾專門去捕撈魔鬼蓑鮋。魔鬼蓑鮋的移除減少了牠們對珊瑚礁的不良影響。

知道,但對於入侵種族群的影響可能很小。儘管如此,還是能讓人們更清楚認識入侵種這個議題。從長遠來看,這可能會降低引入新非原生種的可能性。

各位還記得本章一開始,我不小心走私水果,結果到了第二天早上才發現自己犯下錯誤。那時我把手伸進背包裡想找出洗好的衣服,結果卻抓到一把棕色軟爛的香蕉。幸運的是,僅此而已,沒有偷渡的生物趁著混亂搭便車。

第十章

防治入侵大不易

　　在描述物種如何變得具有入侵性、造成不良影響，以及如何管理入侵種時，我們不得不掩蓋這些過程中的許多複雜性。探究每一種複雜性顯然都會導致本書的篇幅增加三倍，並且讓主要概念埋藏在警告和規避正面陳述的泥沼中。雖然之前說明的主要概念在大多數情況下都成立，但幾乎總是有例外或相互競爭的價值觀和目標，讓入侵種的辨認和管理變得複雜。在這裡，我們把注意力轉向其中幾個複雜的問題，讓讀者思考可能的解決方案，不過我們得先警告，目前的解決方案很少。

比較造成不良影響的程度

如果「某些」非原生種會造成不良影響，那麼照理說，另一些非原生種就不會造成不良影響，甚至可能帶來好的影響。這當然是真的。在北美洲的五大湖，斑馬貽貝改善了水質的透明度，並成為某些具有垂釣價值的原生魚類的食物。對於重視水質清澈的休閒潛水者來說，這使得水下觀察變得更加輕鬆愜意，對於以斑馬貽貝為食的原生魚類的休閒垂釣者，以及支持這些活動的企業來說，以上都是斑馬貽貝入侵的良好結果。然而你應該還記得，本書前面的幾個段落中強調了斑馬貽貝入侵五大湖的不良影響。

這其中存在著複雜性：單一地區的非原生種可能會造成有利和不良的影響，尤其是在一個地區建立了族群數十年或更長的時間之後，斑馬貽貝便是如此。史泰利歐斯・卡森奈瓦基斯（Stelios Katsanevakis）和同事把焦點放在海洋入侵種，詳查了歐洲海域中八十七種非原生種對生態系服務的影響。從當成食品到提供美學價值，在幾乎所有服務類別中都觀察到不良和有利的影響（圖18）。

第十章│防治入侵大不易

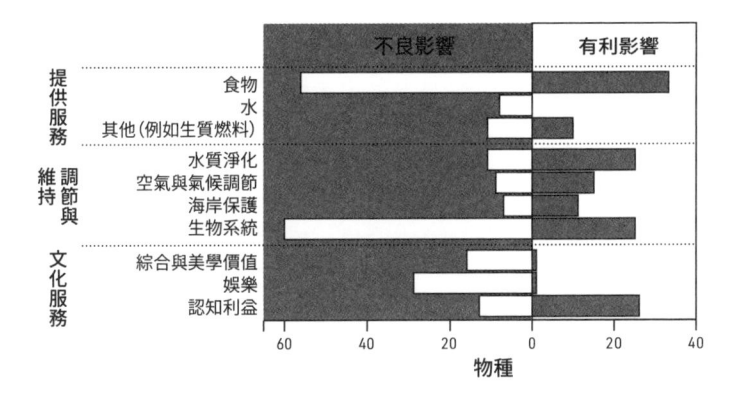

	不良影響	有利影響

提供服務：食物／水／其他（例如生質燃料）
維持與調節：水質淨化／空氣與氣候調節／海岸保護／生物系統
文化服務：綜合與美學價值／娛樂／認知利益

物種　60　40　20　0　20　40

圖18│歐洲海域中對生態系服務造成了不良和有利影響的非原生種數量。一些非原生種可能會多次計入，因為他們可以對多種生態系統服務產生有利和不良的影響。

羅斯・沙克爾頓（Ross Shackleton）和同事進行了類似的分析，研究全球範圍的三十七種入侵種（主要是植物）對人類生計和福祉的影響，發現48%的物種同時帶來不良影響和有利影響，其中六個物種主要帶來良好影響。

我們如何管理這些非原生種？如果斑馬貽貝改善了水質透明程度，這對休閒潛水者來說是有利的，但同時也讓進入湖岸的人減少了，因為貽貝棲息在高水位線以上的湖灘區域；去除貽貝對於湖灘遊客是有利的，而不

除去除貽貝（這是可行的管理行動）則有利於潛水者。這種簡單的比較權衡很少發生，因為自然或人類環境的許多面向同時受到入侵種的影響。可行的方法之一是匯總所有影響，並且確定社區的總體代價或收益，但這種策略本身並非沒有問題或偏見。舉例來說，要如何權衡社會不同部分（例如富裕社區或貧困社區）所受到的影響？

　　生活在貧窮線附近或貧窮線以下的人，可能深深依賴當地現有的樹木所提供的木材、燃料和纖維。他們並不關心這些需求是由入侵種樹木還是原生樹木來滿足的。事實上，入侵種可能更符合需求，因為入侵種可能比原生種生長得更快，更容易採收。然而，居住在附近的富裕人士可能會把入侵樹木的存在視為問題，因為入侵種樹木會在他們的遊憩地區大肆繁殖，使得原生脊椎動物數量降低，在他們眼中，原生脊椎動物具有美學價值，而且也因「燃料負荷」（見第六章）增加而提高房屋周圍地區發生火災的風險。雖然這看起來像是一個刻意安排的例子，但是在南非實際發生過。

　　原生於澳洲的相思樹屬（*Acacia*）物種至少有二十三

第十章｜防治入侵大不易

種在南非被視為入侵樹種。相思樹從很久之前就刻意引入，最初是在一八〇〇年代末用於農林業、重新造林和永續發展計畫。根據樹種的不同，相思樹的價值在於生產木材和紙漿原料，其中的單寧可用於皮革製造、香水、口香糖和食品，同時也常作為觀賞植物出售，並用於穩固土壤，重新造林或恢復生態系。

相思樹引入後很容易擴散，因為他們對生態的要求非常有彈性。在許多地區，相思樹木的密度很高，排擠了其他樹木和林下植物，使得棲地中變成近乎只有單一種植物。這樣顯然對原生植物群聚產生了負面影響，導致火災頻率增加和水流改變。這些地區和區域的變化，透過生態系層層傳遞，對生活在相思樹林內和周圍的人類社區，帶來各種不良影響，其中包括當地供水減少、動物與植物多樣性下降、纖維和食物資源多樣性減少、拉低旅遊體驗進而波及旅遊業。

但並非社會所有階層都有相同的經驗。在南非比較不富裕的地區，相思樹屬中的銀荊（*Acacia dealbata*）有多種用途：是取暖和烹飪用木柴的穩定來源，可用於建造和修復牲畜圍欄、製作工具和其他家庭用品與家具，當

161

成醫藥和家畜飼料。儘管使用銀荊的人認識到這種樹木引發問題，並且那些問題會直接影響到自己，但是毫無疑問，這種樹為這些社區帶來了好處。因此，單純移除相思樹並非適當的解決方案。如果沒有相思樹，社區的燃料和纖維需求將不得不透過其他來源來滿足，由於沒有合適的原生種替代，勢必需要另一種入侵種。入侵種管理者該做什麼？或者視之為入侵種問題是否眼光過於狹隘了？

入侵種與瀕危種

如同本書所指出的，入侵種可能會吃原生種、與原生種競爭資源，或是改變棲地而使其較不適合原生種，而對原生種帶來負面影響。受影響的原生種或生態系受到威脅時，處理入侵種就變得更加緊迫。如果我們希望保護這些受威脅的對象，清除入侵種就成為明顯且必要的管理策略。但是，如果入侵種通常會造成負面影響，但是又碰巧對瀕臨滅絕的原生種產生正面影響，那該怎麼辦？在這裡，「限制入侵種」和「恢復受威脅物種」

之間便彼此衝突。

這類衝突的一個例子發生在美國加州的舊金山灣，一方面要對入侵性的米草屬（Spartina）的鹽沼繩草加以管理，另一方面是要復育瀕臨滅絕的原生種加州長嘴秧雞（Rallus longirostris obsoletus）。一九七〇年代，美國陸軍工程兵部隊試圖收復失去的沼澤地，把互花米草（Spartina alterniflora）引入舊金山灣，那是一種原生於美洲大西洋沿岸的米草。引入的互花米草在競爭中贏過原生米草並與之雜交，入侵了海灣約三百二十公頃的土地。入侵種改變了棲地特性，影響了食物網動態，並且對許多原生種和生態系功能帶來了負面影響。

然而生活在沼澤棲地，特別是成熟米草叢中的加州長嘴秧雞，是受益於入侵米草的物種。當城市擴張摧毀了大片的原生棲地（原生的米草叢），加州長嘴秧雞瀕臨滅絕。儘管入侵的米草並不能完美重現加州長嘴秧雞原始的居住環境，但足夠相似，可以為秧雞提供合適的棲地。

為了把生態系恢復到原始狀態，入侵種管理者需要清除入侵的米草種類和雜交種，並且讓原生的米草種

類重新在棲地中建立族群。但這個過程需要時間，大約數年。由於秧雞需要任何一種米草的成熟草叢，因此過渡期間算是相當長，在這段時間間隔中，秧雞將會沒有合適的棲地，因而面對了更高的風險。在這個實際例子中，有一種解決方案，讓野生動物管理者藉由緩慢的過程，分階段進行清除和恢復活動，以化解衝突，但是在實際狀況中，並不總是容易得到解決方案，對某一個物種或某一個生態系有效的方法，可能對另一種無法發揮作用。

另一個可能更為複雜的情況是，當入侵種在原生地區受到威脅的狀況。以山瑞鱉（*Palea steindachneri*）為例，牠在東南亞的故鄉被當成食物和傳統藥材而過度捕撈，目前瀕臨滅絕，但卻侵入了夏威夷的考艾島，把當地的魚類當成食物，並且與之競爭，同時也威脅到當地原生且已瀕臨絕種的紐康姆螺（*Erinna newcombi*）。另一個例子是百慕達刺柏（*Juniperus bermudiana*），由於會攻擊這種刺柏的介殼蟲被引入百慕達，使得百慕達刺柏在原生地極度瀕危，但是在南大西洋的聖海倫納島和阿森松島上卻繁衍生息。還有已經引入全球許多地區的北非髯羊

（*Ammotragus lervia*），主要被當成獵物，而其在北非原生地區的數量卻在減少。

這些例子和其他類似的例子中，保育人員和入侵種研究人員，無論站在哪個價值立場，都面臨著得用一個物種交換另一個物種，從道德上來說這些立場都不穩固。從保育的角度來看，入侵族群為瀕危物種提供了防止滅絕的保險，舉例來說，我們可以想像原生棲地範圍內的個體被野火或洪水消滅，如果沒有入侵族群，便代表了當地該物種會完全滅絕。也許只要入侵種沒有導致原生種瀕臨滅絕，短期內加以保留會是更好的解決方案。但生態系非常複雜，我們預測未來狀態的能力很有限。沒有簡單的答案。

氣候變遷的影響

地球上大約九百萬個真核生物物種中，有25%到85%正在遷移，罪魁禍首是氣候變遷。隨著氣候變化，大多數地區變得更溫暖，少數地區變得比較涼爽，而降雨模式從歷史常態轉變為相當新的樣態，許多物種的

分布自然會產生變化，因為他們試圖留在氣候條件適宜的環境中，以求生存。在北半球，隨著歷史上的原生棲地變得更暖，已經記錄到許多物種向北方或是更高海拔的地區移動。氣候變遷也會消除生物地理屏障。舉例來說，北極海冰的消失，導致一些海洋哺乳動物和鳥類在大西洋和太平洋之間來回。在未來幾十年中，物種分布的這種變化將對社會構成重大挑戰，因為那些棲地的物種組成和物種之間的交互關係變化，最終會影響生態系服務，進而影響人類的福祉和生計。

由於氣候變遷使得物種分布範圍改變，也使得如何確定哪些物種是入侵種而哪些不是，變得更加複雜。我們把入侵種定義為某個地區裡非原生且會造成不良影響的物種；而非原生種是指人類直接或間接幫助跨越生物地理屏障，而到達其原生地區之外的物種。如果嚴格遵循這個定義，那麼由於人類活動一直是驅動氣候變遷的主要因素，任何因為氣候變遷而設法跨越生物地理屏障的物種，都可以視為入侵種。但是，把這個定義作為確定哪些物種在氣候變遷下是否具有入侵性，是否夠精確？

第十章｜防治入侵大不易

讓我們看一下灰鯨（*Eschrichtius robustus*）的例子，牠以往分布在北太平洋，沿著大陸邊緣，從西邊的日本到東邊的墨西哥是目前棲息的地區，而在北大西洋的一個姊妹族群因為十八世紀的捕鯨活動而滅絕。古代DNA的證據表明，在過去的幾百萬年裡，海冰覆蓋範圍減少的時期，這兩個灰鯨族群曾多次混血。自從大西洋族群滅絕以來，北極海冰阻止了太平洋灰鯨移居到大西洋，但隨著北極變得比較暖，這種情況正在改變。二〇一〇年，在以色列附近海域發現了一頭灰鯨，二〇一三年在納米比亞附近海域又發現了另一隻。假設目前這些跨洋移動持續進行，太平洋灰鯨將在大西洋建立族群，有鑑於鯨魚通常會對生態系帶來巨大影響，太平洋灰鯨是否應該視為對大西洋的入侵種？或者因為人類最初導致了大西洋灰鯨的滅絕，是否便可以認為這是一個成功復育的故事？儘管到目前為止，由於氣候變遷而擴大其活動範圍的物種並不被認為是入侵性的，但無論如何，答案並不一定是顯而易見的。氣候變遷以及隨之而來的物種分布變化，需要我們更仔細的確定什麼是入侵種，以及什麼不是。

這些讓管理和定義入侵種變得複雜的問題，只是物種入侵和保育研究中的一些問題而已。人類社會與環境交互關係的所有形式，本質上都是複雜的，是人類不同價值觀衝突的交會點，是對自然過程的資訊不完整而使得理想解決方案曖昧不明的核心。幸運的是，人類在開發新工具方面付出了很多努力，對於這些問題，那些工具能夠提供更好的解答，並且讓我們有希望找出解決方案。對於要如何好好解決這些二十一世紀的大挑戰，學者、政策制定者和感興趣的社會成員之間，已進行了很多討論。

第十一章
深思熟慮的未來

　　入侵種的故事是五百年來隨著人類社會發展壯大的故事。當人類為了推動貿易和攻占領土而尋找新的土地時，也伴隨著各種類型的生物。人類攜帶物種，有些是為了貿易，有些是為了狩獵，有些是為了帶在身邊以懷念遙遠的故土，有些是在無意的情況下夾帶的。現代世界繼承了這一個包袱。入侵種嚴重影響了經濟和人類健康，是對其他物種和生態系的最大威脅之一，帶來的損害同時造成了短期和長期後果。那麼我們還沒有學到教訓嗎？我們會讓子孫後代承受越來越多的入侵種，或是新技術或政策決定會讓入侵種成為歷史的一部分？預測入侵種的未來很困難，因為他們與人類社會行為的本質息息相關。儘管如此，就當前的趨勢，我們可以適當的

猜測入侵種故事的下一章可能會如何展開。

自然界中還會有「自然」的存在嗎？

我們最能肯定的預測是未來將有更多入侵種,而不是減少,至少短期到中期間如此。會這麼想有幾個很好的理由:首先,人類是分布全球的物種。即使我們只考慮在貨物和人員運輸時順便攜帶到新地區的非原生種,那麼也一定會看到更多的入侵種。經濟合作暨發展組織的國際運輸論壇在二〇二一年的展望估計,二〇五〇年的客運和貨運量將會是二〇一五年的一倍以上。更多的航運和運輸代表非原生種有更多機會進入新領域並擴大分布範圍。發展中國家的入侵種數量應該會大幅增加,因為這些國家和全球其他國家的貿易越來越頻繁,但是能夠用於預防入侵種措施的資源比較少。

我們預期會看到更多入侵種的第二個原因,出自於經濟活動。為了滿足寵物、水族和觀賞植物的市場需求,每年在國內和國際間圈養、繁殖和運輸的非原生生物數以億計,那些都是很大的市場。根據產業報告,花

第十一章｜深思熟慮的未來

卉和觀賞植物生意每年價值約五百億美元。沒有理由認為這些市場很快會消失，而且正如我們所見，私人飼養是許多非原生種的重要引入途徑（圖3）。

最後是氣候變遷問題。入侵種與氣候變遷之間的交互作用異常複雜，很大程度上是因為氣候狀況的改變，影響了入侵過程的每個部分。光就洋流和天氣對跨洋航運或航空路線的影響而言，氣候變遷將改變非原生種的運輸和引入的網路。舉例來說，由於海冰減少，穿過北冰洋的航運已經增加，非原生種引入到更北緯地區的可能性也隨之增加。

氣候變遷最明顯的結果是棲地對於其中生物適合的程度將會改變，這使得某些棲地，特別是高緯度或高海拔的棲地，更適合來自低緯度或低海拔的非原生種，也更容易受到非原生種的影響。某些環境的適宜程度可能會發生變化，導致目前占據在這些環境中入侵種數量可能會減少。這將是我們減少甚至根除長期入侵種族群的機會。例如，因為氣候變遷的關係，五種造成南非最嚴重破壞的淡水入侵植物中，有兩種預計在未來幾十年內分布的地理範圍將會縮小。如果當地環境管理者能夠加

強控制和根除措施來利用這種減少的趨勢,可能在未來幾年大幅減少這些物種造成的不良影響。

然而,有些物種能成為入侵種,而有些物種則不然,這種篩選過程可能讓上述黑暗中的光明蒙上一片陰影。有人擔心,整體而言,入侵種可能比原生種更能抵抗氣候變遷的影響。這種擔憂源於一項事實:許多入侵種所具備的生物特徵,使他們能夠在運輸和引入過程時不時出現的嚴酷狀況中生存下來,並且引入後還能在沒那麼適合的棲地繁衍。在極端氣候事件發生得更為頻繁的未來世界,那些特徵可能是生存與繁衍所需的。到時候可以看到的是,原生種和非原生種都在持續變化的氣候條件下掙扎,但是能夠耐受更大環境變化的物種(入侵種通常就是這樣)將會占上風。棲地被有能耐的非原生種占據,要比不被占據的可能性來得多。

新的影響還是更多相同的影響?

一個對入侵種影響的未來最簡單的預測,是在最近的歷史中所見。貝拉德和同事研究了自一五〇〇年以來

第十一章│深思熟慮的未來

已經滅絕或在野外滅絕的物種。雖然每個物種滅絕通常由多個因素造成，但入侵種是脊椎動物滅絕最常見的因素，把植物包括在內時，入侵種是整體上第二常見的滅絕因素。因此隨著入侵種數量的不斷增加，我們可以預期，受入侵種影響的原生種數量很可能增加，甚至可能達到滅絕的程度。正如我們已經看到的，這個過程毫無疑問會影響生態系服務，因此幾乎肯定會對經濟和人類健康產生不利的影響。即使對原生種沒有影響，但由於許多入侵種可能成為各種疾病的媒介，對人類健康的影響也特別令人擔憂。

目前難以確定的是，未來影響的程度是否與研究歷史所得到的結果相似。環境變遷造就的改變因素：入侵種、資源過度開發、農業或城市發展而導致的棲地消失和汙染，可能以非線性方式共同交互作用，產生比過往更嚴重的影響。把快速變化的氣候納入其中後，又讓複雜性更提高了一個階層，這是過往所沒有的。氣候變遷引發了各種生物物理過程的大規模變化，包括地表空氣平均溫度升高、淺水和深水海洋溫度升高、海洋和沿岸海水酸化、降水模式改變，以及極端事件（例如洪水、

火災、颶風和乾旱）發生的可能性提高。這些驅動因素彼此之間的交互作用都非常複雜，結果也非常難以確定。儘管如此，我們可以相當肯定的說，影響將會廣泛又巨大。

好的一面

政策、技術或知識的重大進展，可能會減輕入侵種的數量和對未來的相關影響。如果我們搞錯了，將會有相反的效果。先從政策開始說起。貨物進口管理以及非原生生物的保存和處置的規則，在十八世紀和十九世紀時採取的自由放任主義，到現在無疑發生了變化。在整個二十世紀，地區和國家層級的政府持續實施、縮減、重新實施和調整保護轄區免受生物入侵的政策，但是也出現了一些嚴重失誤。隨著以證據為主導的政策變得更加強大和廣泛，錯誤應該會減少，但不會完全消失。找出沒有偏頗的證據來為政策提供資訊需要時間，而決定可能需要在更緊迫的時間內做出。

朝著有利方向前進的政策領域之一，是解決入侵種

第十一章｜深思熟慮的未來

的跨地緣政治本質，特別是在鄰接區域的司法管轄上。入侵生物無視於人類的政治邊界，因此在一個司法管轄區中實施的政策發揮效果的程度，會受到周圍鄰國法規的影響。如果瑞士試圖根除虎杖（*Fallopia japonica*）這種遍布歐洲大陸的入侵植物，而法國和義大利卻對虎杖置之不理，那麼即使瑞士的努力一開始成功了，虎杖也可能會再度入侵。所幸對瑞士來說，歐洲議會在二〇一四年通過法規，確保成員國之間進行跨國合作，以預防和管理入侵種。但是這類跨邊界政策還沒有推廣到所有地區。美國本土中，在某一個州受到管理的入侵植物物種中，平均只有17%在相鄰的州也受到管理。越來越多的證據顯示，跨邊界合作提高了效率，因此繼續加強跨州政策，似乎是合理的。

　　對於防止非原生種的引入，以及根除已經入侵或建立族群的物種，技術的突破帶來了巨大希望。我們期望能看到最大進展的兩個領域是檢測（這對於預防和根除很重要）以及根除。用於檢測非原生種的調查方法（例如陷阱或單純的尋找目標物種）並不完全有效；即使調查時目標生物確實存在，但也可能沒有檢測到。在入侵

的早期階段調查非原生種時特別會有這種情況發生，因為與後期階段相比，在前期入侵種非常罕見。

提高發現非原生種機率的方法有兩種，一種是增加調查工作，另一種是改善調查方法。增加工作聽起來是最簡單的，但實際上並非如此。只需布置更多陷阱、讓更多人尋找該生物體，或增加尋找的時間。然而在實際執行上，這不一定是可行的。每項工作都有相關的成本，由於資源一直都是限制因素，因此可以進行的最大工作量，就是用現有的調查技術實際上所達成的。這種權衡就是為什麼方法研究不僅對於入侵種研究與管理很重要，對於整個科學界也是。

近幾十年來，環境DNA發展成強大的生物多樣性監測工具。環境DNA是生物體在正常活動過程（例如排便或蛻皮）中掉落到環境中的DNA。可以收集這種DNA並且定序，以確定環境中存在的物種。雖然最初僅限於檢驗土壤和水生環境中的DNA，但是隨著近年來DNA處理成本的降低，以及收集方法的進步，環境DNA的檢測已經擴展到許多陸地物種。拉斐爾·瓦倫汀（Rafael Valentin）和同事最近證明，斑衣蠟蟬（*Lycorma*

第十一章 深思熟慮的未來

delicatula）這種對美國原生和重要農作物造成嚴重損害的入侵昆蟲，可以利用環境DNA加以檢測，該方法也比傳統的視覺搜索更靈敏。

也許管理和消滅入侵種的最大希望來自另一種遺傳科技：「基因驅動」。長期以來，人類一直在改變馴化和栽培物種的遺傳，以修改他們所表現的特徵，而許多物種的形態現在幾乎和祖先不同。然而野生族群的基因改造，特別是為了減少入侵種族群的目的，則要困難得多。除非一個基因處於正向選擇狀態（也就是受到天擇的偏好），否則在正常的遺傳過程中，攜帶修改基因的個體在群體所占的比例，通常會隨著時間的推移而減少（圖19）。為了有效管理入侵種，需要釋放大量含有修改基因的個體，以增加族群中有害基因的頻率。然而基因驅動技術可確保修改的基因，即使是有害也會傳遞給所有後代，並且在連續數代中增加在群體中的頻率（圖19）。

基因驅動技術對於入侵種管理的潛在價值應該是顯而易見的：管理者只需改變入侵種的性別比例，使得大多數後代都是雄性，這樣只要幾代之後，族群就會崩潰。可是我們也應該說明基因驅動可能導致的潛在損

正常的遺傳　　　　　基因驅動的遺傳

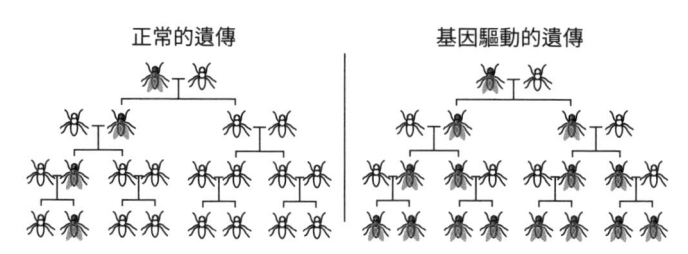

圖19｜在正常狀況下，除非是受到天擇偏好，帶有修改基因的果蠅（灰色果蠅）在野生族群中的比例通常會逐漸下架。基因驅動技術能夠確保修改基因縱然會造成傷害，但是在族群中的頻率會上升。

失。我們討論的是入侵種，而最令人擔憂的是基因改造個體最終引入到入侵種的原始棲息範圍，這可能導致這個物種完全滅絕。顯然這不是令人滿意的結果。因此不用多說，在現場使用這些技術時需要謹慎小心。我們需要牢牢記住，引入非原生食蟲動物來控制害蟲時，即使宣稱是出於善意，結果卻讓牠們成為入侵種，例如被引入澳洲的海蟾蜍。

最後，我們對於入侵種和非原生種的思考和理解，會使得未來變成什麼樣子？在這裡可以得出最可靠的預測是，「入侵生態學」這個科學領域的未來。正如同在許多科學研究領域中所觀察到的，入侵生態學似乎也注

第十一章｜深思熟慮的未來

定會納入更多學科，也許這是必要的。入侵生態學處於多個研究領域的交疊處：經濟學、生態學、演化生物學、公共衛生、城市規劃和倫理學等，是其中主要的學科。一系列令人難解的社會環境因素交織在一起，使生物入侵、入侵種管理和更廣泛的生態保護，變得更為複雜，要解開這個結，需要跨越學科的研究團隊。

隨著我們越來越了解生態系，可能會用截然不同的眼光來看待非原生種。如果未來環境退化速度超過了原生種的演化適應速度，某些環境實際上可能會變得不適合原生種棲息，使得非原生種成為讓生態系恢復的主要選擇。這種事情已經發生了。二〇〇七年，亞達伯拉象龜（*Aldabrachelys gigantea*）和馬達加斯加的輻射紋龜（*Astrochelys radiata*）成功引入模里西斯的一座自然保護區，以幫助控制入侵植物並傳播原生植物的種子。這些功能當年由模里西斯陸龜（*Cylindraspis sp.*）執行，但是那些陸龜在十九世紀就滅絕了，讓生態系中的過程重現得以改善生態系的健康。在極端情況下，整個生態系可能由具有不同演化史的物種所建構，以確保生態系服務能夠保留下來。

歡迎來到人類世

在地球生命大約四十億年的歷史中,幾乎所有時間,生物物種的分布主要取決於氣候和板塊構造等非生物壓力,以及競爭和捕食等生物交互關係。生物地理屏障在數萬年(甚至數千萬年)的時間尺度上浮現與消落。當物種在生態環境中與其他物種競爭時,也會以類似的時間尺度演化和滅絕。而後,在短短五百年的時間內,智人這一個物種便改變了地球生物地理和演化未來的軌跡。我們讓生物分布洗牌,並且以犧牲許多物種為代價,增加了全球數十個物種的數量。

然而,生物同質化只是智人對地球產生的深遠影響中的一個面向。一七五〇年以來,人類把五千五百五十億噸碳釋放到大氣中,使得大氣中二氧化碳的濃度達到八十萬年甚至更長時間以來未見的高峰。哈伯法把大氣中的氮轉化為肥料,再加上化石燃料的燃燒,對地球的氮循環產生了自二十五億年前氮循環出現以來最大的衝擊,導致了沿海和內陸水域普遍優養化。儘管全球淨初級生產力大致保持不變,但其中25%至38%的生產量

第十一章｜深思熟慮的未來

目前由一個物種占用：我們所屬的物種。把當前時代標記為「人類世」不僅僅是環境保護的宣傳口號。自從生命在地球上誕生以來，沒有任何一個物種能夠對所有其他物種產生如此巨大的影響。

許多人聲稱人類已經成為自然的力量。奧利佛・莫頓（Oliver Morton）在《重塑的星球》一書中指出，這導致了一個悖論：「人類變得如此強大，以至於他們屬於自然力量，而從定義來說，自然力量是超出人類控制能力的東西。」然而這種極為不祥和悲觀的描述並非不完全真確。人類當然不再只是被動的觀察地球這個行星上的各種現象。作為遍布全球的物種，人類也影響了全球各個區域，我們對於自然而言是獨特的力量，但是我們也不同於無意識的自然力量。颱風不會選擇要採取的行動，只能遵照物理定律。颱風受制於引發其運動的過程，人類和社會的行為則可能受到禁止。人類組成社會，我們根據需求，會放大、減少或修改那些力量，以塑造我們的政治、經濟、社會和科學制度。人類與颱風不同，人類可以選擇如何施展力量。

請不要誤解，這並不是盲目的樂觀，好像我們都知

道該做些什麼。我們作者完全了解到同質的「我們」並不存在。社會是由文化、制度和哲學典範拼湊而成的,這些典範很少達成一致,有時甚至是互相排斥的。然而我們有充分的理由相信,希望永不消失。一九八五年,全球僅有的十四個座頭鯨(*Megaptera novaengliae*)族群都大幅縮小,有些族群的個體甚至減少了95%。然後各國協議暫停商業捕鯨,如今其中九個族群不再處於面臨風險狀態,其餘的族群持續恢復。或是看一下《蒙特婁議定書》,這是一項於一九八九年生效的國際條約,目的在逐步減少製造與使用會讓臭氧層稀薄的氟氯碳化合物。該協議最引人注目的是,早在科學界對於消耗臭氧層化合物的效應達成共識之前,就已經制定了全球法規。一九八〇年代的世界拒絕維持現狀,而當今的世界也因而變得更美好。

儘管面臨的挑戰不同,但我們目前如何應對入侵種有類似的選擇,我們在未來幾十年的行動,將受到後代子孫的讚揚,或是譴責。十九世紀和二十世紀初,生態學(更不用說入侵生態學)還處於起步階段,當時祖先支持天真魯莽的主張。但是現在不同了,我們非常清

楚導致物種入侵的原因,也知道入侵種造成的傷害。在不久的將來,入侵種註定會越來越多,這點毫無疑問。但是更長遠的未來則未必如此。我們不需要等待一些奇蹟般的技術突破,因為我們已經知道改變進程所需的步驟。那麼,我們唯一的選擇就是有意識的、慎重的決定是否拒絕保持現狀。我們應該拒絕,而未來會因此變得更美好。

名詞對照表

人類世 Anthropocene
入侵生態學 invasion ecology
入侵前緣 invasion front
入侵種 invasive species
入侵遲滯 invasion-lag
凡波斯 fynbos
叉葉哈克樹 *Hakea divaricate*
大西洋大海鰱 *Megalops atlanticus*
大豕草 *Heracleum mantegazzianum*
小世界 small world
小袋鼠 wallaby
山羊 *Capra aegagrus hircus*
山瑞鱉 *Palea steindachneri*
互花米草 *Spartina alterniflora*
內華達山脈 Sierra Nevada
凶兔頭魨 *Lagocephalus sceleratus*
分隔調查 delimiting survey
化學相剋 allelopathic
天敵累積 enemy accumulation
天敵脫離 enemy release
太平洋牡蠣 *Magallana gigas*
巴拉瑞特（澳洲）Ballarat

《引入有毒動物和鳥類的危險》 *The Danger of Introducing Noxious Animals and Birds*
引入種 introduced species
木麻黃屬 *Casuarina*
水牛草 *Cenchrus ciliaris*
水蚤 *Daphnia pulicaria*
火蟻 *Solenopsis spp.*
以色列毒物資訊中心 Israel Poison Information Centre
加通湖 Lake Gatun
北非髯羊 *Ammotragus lervia*
北美河狸 *Castor canadensis*
北美負鼠 *Didelphis virginiana*
卡森奈瓦基斯，史泰利歐斯 Stelios Katsanevakis
台灣家白蟻 *Coptotermes formosanus*
外來種 alien species
布拉德肯，柯瑞 Corey Bradshaw
正榕小蜂 *Eupristina verticillata*
瓦倫汀，拉斐爾 Rafael Valentin

瓦班納基 Wabanaki
瓦登海 Wadden Sea
生物同質化 biotic homogenization
生物地理屏障 Biogeographic barrier
生物安全 biosecurity
生物抗性 biotic resistance
生態地理範圍擴張 ecographical range expansion
生態系服務 ecosystem service
生態棲位 niche
白尾鹿 Odocoileus virginianus
白腹鰹鳥 Sula leocogaster
白燕鷗 Gygis alba
白頭鶇 Turdus poliocephalus
白蠟瘦吉丁蟲 Agrilus planipennis
穴兔 Oryctolagus cuniculus
地中海果實蠅 Ceratitis capitata
尖音家蚊 Culex pipiens
有袋類動物 marsupials
灰狐 Urocyon cinereoargenteus
灰鯨 Eschrichtius robustus
百慕達刺柏 Juniperus bermudiana
米草屬 Spartina
考艾島 Kauai
自然本質 naturalness
艾基歐，桑米 Sami Aikio
艾爾頓，查爾斯 Charles Elton

西尼羅河病毒 West Nile virus
佛塔樹屬 Banksia
佛羅里達大沼澤 Everglades
希夸默根國家森林 Chequamegon National Forests
忍冬 Lonicera japonica
《我在南北半球的生活》 My Life in Two Hemispheres
李氏鱗趾虎 Lepidodactylus listeri
杜爾帝，提姆 Tim Doherty
沃許，傑克 Jake Walsh
沙克爾頓，羅斯 Ross Shackleton
貝拉德，席琳 Celine Bellard
亞達伯拉象龜 Aldabrachelys gigantea
卑詩省 British Colombia
帕瑪，西奧多・薛曼 Theodore Sherman Palmer
東方貝蚤 Mytilicola orientalis
波羅的海櫻蛤 Limecola balthica
肯圖南，瑪麗安 Marianne Kettunen
虎杖 Fallopia japonica
金魚 Carassius auratus
長柱尾突蚤 Bythotrephes longimanus
長足捷蟻 Anoplolepis gracilipes
長嘴秧雞 Rallus longirostris obsole-

名詞對照表

阿納姆地 Arnhem Land
阿森松島 Ascension
阿嘉德，凱文 Kevin Aagaard
青蟹 Carcinus maenas
非洲大蝸牛 Achatina fulica
南澳州 South Australia
咬人樹 Dendrocnide peltate
哈欽森，喬治・伊弗林 George Evelyn Hutchinson
契波瓦國家森林 Chippewa National Forests
威爾遜，約翰 John Wilson
威爾遜，愛德華 Edward Wilson
施弗林，尤金 Eugene Schiefelin
柯斯坦沙，羅伯特 Robert Costanza
氟氯碳化合物 chlorofluorocarbon
洛克伍德，茱莉 Julie Lockwood
洛磯山脈 Rocky Mountains
珊瑚礁環境教育基金會 REEF.org
相思樹屬 Acacia
紅尾蚺 Boa constrictor
紅岩黃道蟹 Cancer productus
紅狐 Vulpes vulpes
紅腳鰹鳥 Sula sula
紅頰獴 Herpestes javanicus
紅頸袋鼠 Macropus rufogriseus
美洲巨水鼠 Myocastor coypus
耐火植物 pyrophytic plant
苦湖 Bitter Lakes
虹鱒 Oncorhynchus mykiss
迪亞涅，克里斯多夫 Christophe Diagne
《重塑的星球》 The Planet Remade
食品、農業和畜牧部（土耳其） Ministry of Food, Agriculture, and Livestock
哥倫布交換 Columbian Exchange
唐納文，傑佛瑞 Geoffrey Donovan
座頭鯨 Megaptera novaengliae
庫克，詹姆斯 James Cook
朗布耶森林 Rambouillet forest
栗樹枯萎病 chestnut blight
桉樹屬 Eucalyptus
浣熊 Procyon lotor
浣熊貝利斯蛔蟲 Baylisascariasis procyonis
海蟾蜍 Rhinella marinus
特羅姆蘭島 Tromelin island
納米比亞 Namibia
紐康姆螺 Erinna newcombi
茲卡病毒 Zika virus
荒野動物園 Sauvage Zoo
蚌科貽貝 Unionid mussel

入侵物種

《動物與植物入侵生態學》 The Ecology of Invasions by Animals and Plants
國際自然保護聯盟 International Union for the Conservation of Nature
國際海事組織 International Maritime Organization
《國際植物保護公約》 International Plant Protection Convention
基因驅動 gene drive
曼多塔湖 Lake Mendota
淡海櫛水母 Mnemiopsis leidyi
淨初級生產力 primary productivity
產卵管 ovipositor
異地種 exotic species
異色瓢蟲 Harmonia axyridis
第一民族 First Nation
荷蘭榆樹病 Dutch elm disease
莫頓,奧利佛 Oliver Morton
蚯蚓屬 Lumbricus
袋鼠科 macropods
野化種 feral species
野馬 Equus caballus
凱西,菲利浦 Phillip Cassey
斑衣蠟蟬 Lycorma delicatula
斑馬貽貝 Dreissena polymorpha
棕樹蛇 Boiga irregularis

植物毒素 phytotoxins
短嘴黑鳳頭鸚鵡 Zanda latirostris
紫殼菜蛤 Mytilus edulis
蛙壺菌 B. dendrobatidis
蛙壺菌病 chytridiomycosis
黃病毒屬 Flavivirus
黑白蠟木 Fraxinus nigra
黑芥菜 Brassica nigra
黑荊 Acacia mearnsii
黑鼠 Rattus rattus
塞席爾群島 Seychelles Islands
奧德里奇,大衛 David C. Aldridge
經濟合作暨發展組織 OECD
群聚 community
聖海倫納島 St. Helena
聖瑞吉斯・莫霍克族落 Saint Regis Mohawk
聖誕島 Christmas Island
聖誕島紅蟹 Gecarcoidea natalis
腦膜炎 meningoencephalitis
萬那杜 Vanuatu
裏海 Caspian Sea
達林,查爾斯 Charles Darling
達菲,查爾斯・加文 Charles Gavan Duffy
雷仙島 Laysan Island
雷諾茲,山姆 Sam A. Reynolds
馴化協會 Acclimatization Societies

名詞對照表

截尾貓　Lynx rufus
榕小蜂　fig wasp
榕樹　Ficus macrocarpa
碩繡眼鳥　Zosterops strenuu
綠花白千層　Melaleuca quinquenervia
翠翼鳩　Chalcophaps indica
舞毒蛾　Lymantria dispar
《蒙特婁議定書》Montreal Protocol
蒲公英　Taraxacum sp.
豪勳爵島　Lord Howe Island
賓州白蠟樹　Fraxinus pennsylvanica
遠環蚓屬　Amynthas
銀合歡　Leucaena leucocephala
銀荊　Acacia dealbata
影響遲滯　impact-lag
德葛魯特，魯道夫　Rudolf de Groot
播遷　dispersal
模里西斯陸龜　Cylindraspis sp.
歐洲鳥尾蛤　Cerastoderma edule
歐洲椋鳥　Sturnus vulgaris
歐洲鯷魚　Engraulis encrasicolus
熱帶家蚊　Culex quinquefasciatus
緬甸小鼠　Rattus exulans
緬甸蟒　Python bivittatus
衛星族群　satellite population
褐鼠　Rattus norvegicus
豬草　Ambrosia artemisiifolia
養分載量　nutrient load
橈足類動物　copepod
澳洲松　Australian pine
燃料負荷　fuel load
輻射紋龜　Astrochelys radiata
遲滯現象　hysteresis
霓虹燈魚　Paracheirodon innesi
營養級聯　trophic cascade
繁殖體壓力　propagule pressure
擴散　spread
藍臉鰹鳥　Sula dactylatra
藍蟹　Callinectes sapidus
雙相擴散　bi-phasic spread
雙穩定性　Bistability
雜草種　weedy species
穩定曲線　curve of stability
蠑螈壺菌　Batrachochytrium salamandrivorans
魔鬼簑鮋　Pterois volitans
鹽沼繩草　cordgrass

參考資料

Aagaard, K., and Lockwood, J. (2014) Exotic birds show lags in population growth. *Diversity and Distributions*, 20(5), 547-54.

Aikio, S., Duncan, R., and Hulme, P. (2010) Herbarium records identify the role of long-distance spread in the spatial distribution of alien plants in New Zealand. *Journal of Biogeography*, 37(9), 1740-51. DOI:10.1111/j.1365-2699.2010.02329.x

Bailey, S. A. (2015) An overview of thirty years of research on ballast water as a vector for aquatic invasive species to freshwater and marine environments. *Aquatic Ecosystem Health & Management*, 18(3), 261-8. <https://doi.org/10.1080/14634988.2015.1027129>

Beaury, E. M., Fusco, E. J., Allen, J. M., and Bradley, B. A. (2021) Plant regulatory lists in the United States are reactive and inconsistent. *Journal of Applied Ecology*, 58(9), 1957-66. <https://doi. org/10.1111/1365-2664.13934>

Bejder, M., Johnston, D. W., Smith, J., Friedlaender, A., and Bejder, L. (2016) Embracing conservation success of recovering humpback whale populations: evaluating the case for downlisting their conservation status in Australia. *Marine Policy*, 66, 137-41.

Bellard, C., Cassey, P., and Blackburn, T. M. (2016) Alien species as a driver of recent extinctions. *Biology Letters*, 12(2), 20150623.

Bradshaw, C. J., Leroy, B., Bellard, C., Roiz, D., Albert, C., Fournier, A., Barbet-Massin, M., Salles, J. M., Simard, F., and Courchamp, F. (2016)

Massive yet grossly underestimated global costs of invasive insects. *Nature Communications*, 7(1), 1-8.

Cassey, P., Delean, S., Lockwood, J. L., Sadowski, J. S., and Blackburn, T. M. (2018) Dissecting the null model for biological invasions: a meta-analysis of the propagule pressure effect. *PLOS Biology*, 16(4), e2005987. <https://doi.org/10.1371/journal.pbio.2005987>

Costanza, R., De Groot, R., Sutton, P., Van der Ploeg, S., Anderson, S. J., Kubiszewski, I., Farber, S., and Turner, R. K. (2014). Changes in the global value of ecosystem services. *Global Environmental Change*, 26, 152-8.

De Groot, R., Brander, L., Van Der Ploeg, S., Costanza, R., Bernard, F., Braat, L., Christie, M., Crossman, N., Ghermandi, A., Hein, L., and Hussain, S. (2012) Global estimates of the value of ecosystems and their services in monetary units. *Ecosystem Services*, 1(1), 50-61.

Diagne, C., Leroy, B., Vaissière, A.-C., Gozlan, R. E., Roiz, D., Jarić, I., Salles, J., Bradshaw, C. J. A., and Courchamp, F. (2021) High and rising economic costs of biological invasions worldwide. *Nature*, 592(7855), 571-6. DOI: 10.1038/s41586-021-03405-6

Doherty, T. S., Glen, A. S., Nimmo, D. G. and Dickman, C. R. (2016) Invasive predators and global diversity loss. *PNAS*, 113(40), 11261-5. <https://doi.org/10.1073/pnas.1602480113>

Donovan, G. H., Butry, D. T., Michael, Y. L., Prestemon, J. P., Liebhold, A. M., Gatziolis, D., and Mao, M. Y. (2013). The relationship between trees and human health: evidence from the spread of the emerald ash borer. *American Journal of Preventive Medicine*, 44(2), 139–45.

Duffy, S. G. (1896) *My Life in Two Hemispheres*. T. Fisher Unwin.

Gertzen, E., Familiar, O., and Leung, B. (2008) Quantifying invasion pathways: fish introductions from the aquarium trade. *Canadian Journal of*

Fisheries and Aquatic Sciences, 65(7), 1265–73 <https://doi.org/10.1139/F08-056>

Green, P. T. (1997) Red crabs in rain forest on Christmas Island, Indian Ocean: activity patterns, density and biomass. *Journal of Tropical Ecology*, 13, 17-38.

Griffiths, C. J., Jones, C. G., Hansen, D. M., Puttoo, M., Tatayah, R. V., Müller, C. B. and Harris, S. (2010) The use of extant non-indigenous tortoises as a restoration tool to replace extinct ecosystem engineers. *Restoration Ecology*, 18(1), 1-7.

Grigorovich, I. A., Therriault, T. W., and MacIsaac, H. J. (2003) History of aquatic invertebrate invasions in the Caspian Sea. *Biological Invasions*, 5, 103-15.

Katsanevakis, S., Wallentinus, I., Zenetos, A., Leppäkoski, E., Çinar, M. E., Oztürk, B., Grabowski, M., Golani, D., and Cardoso, A. C. (2014) Impacts of invasive alien marine species on ecosystem services and biodiversity: a pan-European review. *Aquatic Invasions* 9: 391-423.

Kettunen, M., Genovesi, P., Gollasch, S., Pagad, S., Starfinger, U., ten Brink, P., and Shine, C. 2009. Technical support to EU strategy on invasive species (IAS)-Assessment of the impacts of IAS in Europe and the EU (Final draft report for the European Commission). Institute for European Environmental Policy (IEEP), Brussels, Belgium.

Le Corre, M., Danckwerts, D. K., Ringler, D., Bastien, M., Orlowski, S., Morey Rubio, C., Pinaud, D., and Micol, T. (2015) Seabird recovery and vegetation dynamics after Norway rat eradication at Tromelin Island, western Indian Ocean. *Biological Conservation*, 185, 85-94. <https://doi.org/10.1016/j.biocon. 2014.12.015>

Le Maitre, D. C., Gaertner, M., Marchante, E., Ens, E., Holmes, P. M.,

Pauchard, A., O'Farrell, P. J., Rogers, A. M., Blanchard, R., Blignaut, J., and Richardson, D. M. (2011) Impacts of invasive Australian acacias: implications for management and restoration. *Diversity and Distributions*, 17(5), 1015-29. <https://doi.org/ 10.1111/j.1472-4642.2011.00816.x>

Le Page, S. L., Livermore, R. A., Cooper, D. W., and Taylor, A. C. (2001) Genetic analysis of a documented population bottleneck: introduced Bennett's wallabies (*Macropus rufogriseus rufogriseus*) in New Zealand. *Molecular Ecology*, 9(6), 753-63. <https://doi.org/10.1046/j.1365-294x.2000.00922.x>

Lewis, S. L., and Maslin, M. A. (2015) Defining the Anthropocene. *Nature*, 519, 171-80.

Li, X., Holmes, T. P., Boyle, K. J., Crocker, E. V., and Nelson, C. D. (2019) Hedonic analysis of forest pest invasion: the case of emerald ash borer. *Forests*, 10(9), 820. <https://doi.org/10.3390/ f10090820>

Lockwood, J. L., Cassey, P., and Blackburn, T. (2005) The role of propagule pressure in explaining species invasions. *Trends in Ecology & Evolution*, 20(5), 223-8. <https://doi.org/10.1016/j.tree.2005.02.004>

Morton, O. (2016) *The Planet Remade*. Princeton University Press, p. 220.

Mitchell, C. E. and Power, A. G. (2003) Release of invasive plants from fungal and viral pathogens. *Nature*, 421, 625-7.

Murray, C. C., Pakhomov, E. A., and Therriault, T. W. (2011) Recreational boating: a large unregulated vector transporting marine invasive species. *Diversity and Distributions*, 17(6), 1161-72. <https://doi.org/10.1111/j.1472-4642.2011.00798.x>

Ngorima, A., and Shackleton, C. (2019) Livelihood benefits and costs from an invasive alien tree (*Acacia dealbata*) to rural communities in the Eastern Cape, South Africa. *Journal of Environmental Management*, 229, 158-

65. <https://doi.org/10.1016/j.jenvman.2018.05.077>

Nyoka, B. I. (2003) *Biosecurity in forestry: a case study on the study of invasive forest tree species in Southern Africa*. Forest Biosecurity Working Paper FBS/1E. Forestry Department. FAO, Rome.

Palmer, T. S. (1894) *The Danger of Introducing Noxious Animals and Birds*. US Department of Agriculture.

Pimentel, D. (ed.) (2011) *Biological Invasions: Economic and Environmental Costs of Alien Plant, Animal, and Microbe Species*. CRC Press.

Seebens, H. (2021). Alien Species First Records Database (Version 2) [Data set]. Zenodo. <http://doi.org/10.5281/zenodo.4632335>

Shackleton, R. T., Shackleton, C. M., and Kull, C. A. (2019) The role of invasive alien species in shaping local livelihoods and human well-being: a review. *Journal of Environmental Management*, 229, 145-57.

Siegert, N. W., McCullough, D. G., Liebhold, A. M., and Telewski, F. W. (2014) Dendrochronological reconstruction of the epicentre and early spread of emerald ash borer in North America. *Diversity and Distributions*, 20(7), 847-58. <https://doi.org/ 10.1111/ddi.12212>

Stiling, P. and Cornelissen, T. (2005) What makes a successful biocontrol agent? A meta-analysis of biological control agent performance. *Biological Control*, 34(3), 236-46. <https://doi.org/10.1016/j.biocontrol.2005.02.017>

Tobin, P. C., Kean, J. M., Suckling, D. M., McCullough, D. G., Herms, D. A., and Stringer, L. D. (2014) Determinants of successful arthropod eradication programs. *Biological Invasions*, 16, 401-14.

Turbelin, A. J., Diagne, C., Hudgins, E. J., Moodley, D., Kourantidou, M., Novoa, A., Haubrock, P. J., Bernery, C., Gozlan, R. E., Francis, R. A. and Courchamp, F. (2022) Introduction pathways of economically costly invasive alien species. *Biological Invasions*, 24, 2061-79. <https://doi.org/10.1007/s10530-022-02796-5>

Valentin, R. E., Fonseca, D. M., Gable, S., Kyle, K. E., Hamilton, G. C., Nielson, A. L., and Lockwood, J. L. (2020) Moving eDNA surveys onto land: strategies for active eDNA aggregation to detect invasive forest insects. *Molecular Ecology Resources*, 20(3), 746-55. <https://doi.org/10.1111/1755-0998.13151>

Walsh, J. R., Carpenter, S. R., and Vander Zanden, M. J. (2016) Invasive species triggers a massive loss of ecosystem services through a trophic cascade. *Proceedings of the National Academy of Sciences*, 113(15), 4081-5.

Wilson, J. R. U., Dormontt, E. E., Prentis, P. J., Lowe, A. J., and Richardson, D. M. (2009). Something in the way you move: dispersal pathways affect invasion success. *Trends in Ecology & Evolution*, 24(3), 136-44. <https://doi.org/10.1016/j.tree.2008.10.007>

延伸閱讀

入侵物種

Burdick, A. (2006) *Out of Eden: an Odyssey of Ecological Invasion*. Farrar, Straus and Giroux.

Elton, C. S. (2020) *The Ecology of Invasion by Plants and Animals*, 2nd edition. Springer.

Lockwood, J. L., Hoopes, M. F., and Marchetti, M. P. (eds) (2013) *Invasion Ecology*, 2nd edition. Wiley-Blackwell.

Pimentel, D. (ed.) (2011) *Biological Invasions: Economic and Environmental Costs of Alien plant, Animal, and Microbe Species*. CRC Press.

Rotherham, I. D. and Lambert, R. A. (eds) (2013) *Invasive and Introduced Plants and Animals: Human Perceptions, Attitudes and Approaches to Management*. Routledge.

Simberloff, D. (2013) *Invasive Species: What Everyone Needs to Know*. Oxford University Press.

特定生態系中的入侵種

Low, T. (2002) *Feral Future: the Untold Story of Australia's Exotic Invaders*. University of Chicago Press.

Meinesz, A. (1999) *Killer Algae*. University of Chicago Press.

Perez, L. (2012) *Snake in the Grass: an Everglades Invasion*. Pineapple Press.

入侵物種

Rapai, W. (2016) *Lake Invaders: Invasive Species and the Battle for the Future of the Great Lakes*. Wayne State University Press.

管理入侵種

Carlton, J. and Ruiz, G. M. (eds) (2003) *Invasive Species: Vectors and Management Strategies*. Island Press.

Robinson, A. P., Walshe, T., Burgman, M. A., and Nunn, M. (2017) *Invasive Species: Risk Assessment and Management*. Cambridge University Press.

Saunders, J. (2016) *Invasive Species Management: Control Options, Congressional Issues and Major Laws*. NOVA Science Pub, Inc.

生態學

Bowman, W. D. and Hacker, S. D. (2021) *Ecology*, 5th edition. Oxford University Press.

Marchetti, M. P., Lockwood, J. L., and Hoopes, M. F. (2023) *Ecology in a Changing World*. W. W. Norton & Company.

環境哲學

Bassham, G. (2020) *Environmental Ethics: the Central Issues*. Hackett Publishing Company, Inc.

Crosby, A. (2015) *Ecological Imperialism*, 2nd edition. Cambridge University Press.

Frawley, J. and McCalman, I. (eds) (2014) *Rethinking Invasion Ecologies from the Environmental Humanities*. Routledge.

Jamieson, D. (ed.) (2003) *A Companion to Environmental Philosophy*. Blackwell Publishing.

保育

Diehm, C. (2020) *Connection to Nature, Deep Ecology, and Conservation Social Science: Human-Nature Bonding and Protecting the Natural World*. Lexington Books.

Kareiva, P. and Marvier, M. (2017) *Conservation Science: Balancing the Needs of People and Nature*, 2nd edition. W. H. Freeman.

Invasive Species: A Very Short Introduction © Oxford University Press 2023
Invasive Species: A Very Short Introduction was originally published in English in 2023.
This translation is arranged with Oxford University Press through Andrew Nurnberg Associates International Ltd.
Rive Gauche Publishing House is solely responsible for this translation from the original work and Oxford University Press shall have no liability for any errors, omissions or inaccuracies or ambiguities in such translation or any losses caused by reliance thereon.

《入侵物種：牛津非常短講014》最初是於2023年以英文出版。
繁體中文版係透過英國安德魯納柏格聯合國際有限公司取得牛津大學出版社授權出版。
左岸文化全權負責繁中版翻譯，牛津大學出版社對該翻譯的任何錯誤、遺漏、不精確或含糊之處或因此所造成的任何損失不承擔任何責任。

左岸科學人文　395

入侵物種 牛津非常短講014
Invasive Species A Very Short Introduction

作　　者	茱莉・洛克伍德（Julie L. Lockwood）、達斯汀・維爾伯恩（Dustin J. Welbourne）
譯　　者	鄧子衿
審　　定	顏聖紘
總 編 輯	黃秀如
責任編輯	林巧玲
特約編輯	劉佳奇
行銷企劃	蔡竣宇
封面設計	日央設計

出　　版	左岸文化／左岸文化事業有限公司
發　　行	遠足文化事業股份有限公司（讀書共和國出版集團）
	231新北市新店區民權路108-2號9樓
電　　話	（02）2218-1417
傳　　真	（02）2218-8057
客服專線	0800-221-029
E - M a i l	rivegauche2002@gmail.com
左岸臉書	facebook.com/RiveGauchePublishingHouse
法律顧問	華洋法律事務所　蘇文生律師
印　　刷	呈靖彩藝有限公司
初版一刷	2025年6月

定　　價	400元
I S B N	978-626-7462-58-4（平裝）
	978-626-7462-59-1（EPUB）

有著作權　翻印必究（缺頁或破損請寄回更換）
本書僅代表作者言論，不代表本社立場

入侵物種：牛津非常短講. 14／
茱莉・洛克伍德（Julie L. Lockwood），達斯汀・維爾伯恩（Dustin J. Welbourne）著；鄧子衿譯.
－初版.－新北市：左岸文化：遠足文化事業有限公司發行，2025.06
　面；　公分.（左岸科學人文；395）
譯自：Invasive species : a very short introduction
ISBN　978-626-7462-58-4（平裝）

1.CST: 生態學　2.CST: 生態危機　3.CST: 生物多樣性
367　　　　　　　　　　　　　　　　　114005423